Adobe After Effects
影视后期特效案例教程

主　编　李雪冰　关文昊

副主编　马银徽　薛佳辉　孙炳欣

　　　　王　鹏　陈佳佳　高殿杰

北京理工大学出版社

BEIJING INSTITUTE OF TECHNOLOGY PRESS

内 容 简 介

本书全面介绍了 After Effects 2022 的基本功能及实际应用，内容包括初识 After Effects 2022、After Effects 2022 的工作流程、图层操作、动画基础操作、图层混合模式与蒙版、绘画与形状、文字与文字动画、三维空间、色彩修正、抠像技术、常用内置滤镜及综合案例实训。

教材精心挑选了具有代表性的真实项目案例，从基础操作到高级特效制作，逐步引导读者深入学习 Adobe After Effects 的各项功能与技巧。每个案例都设定了明确的目标和任务，每个项目最后配有课后练习，并根据每个项目的内容设置了相关的技能提升，着重于对学生动手能力的培养，将场景引入课堂教学，理论联系实际，让学生提前进入工作角色。

本书主要针对零基础高职高专学生展开讲解，也是入门级读者快速、全面地掌握 After Effects 2022 的参考工具书。

图书在版编目（CIP）数据

Adobe After Effects 影视后期特效案例教程 / 李雪冰，关文昊主编 . -- 北京：北京理工大学出版社，2025.1

ISBN 978 - 7 - 5763 - 3878 - 2

Ⅰ. ①A… Ⅱ. ①李…②关… Ⅲ. ①视频编辑软件 - 高等职业教育 - 教材 Ⅳ. ①TP317.53

中国国家版本馆 CIP 数据核字（2024）第 087564 号

责任编辑：王玲玲　　**文案编辑**：王玲玲

责任校对：刘亚男　　**责任印制**：施胜娟

出版发行 / 北京理工大学出版社有限责任公司

社　　址 / 北京市丰台区四合庄路 6 号

邮　　编 / 100070

电　　话 / （010）68914026（教材售后服务热线）

　　　　　　（010）63726648（课件资源服务热线）

网　　址 / http://www.bitpress.com.cn

版 印 次 / 2025 年 1 月第 1 版第 1 次印刷

印　　刷 / 河北盛世彩捷印刷有限公司

开　　本 / 787 mm × 1092 mm　1/16

印　　张 / 18.75

字　　数 / 474 千字

定　　价 / 89.00 元

前 言

党的二十大强调加快发展数字中国，数字化产业发展日新月异，在人人皆可参与对全媒体创作时代，Adobe After Effects 作为一款专业的视频后期处理软件，已成为众多设计师、影视制作者、自媒体广告人不可或缺的关键工具。从震撼的电影特效、精彩的电视广告，到引人入胜的网络视频传播，Adobe After Effects 的身影无处不在，其强大的功能为视觉创意的实现提供了无限可能。

本教材以习近平新时代中国特色社会主义思想为指导，贯彻落实党的二十大精神，根据当前职业教育改革精神和国家对思政进课堂的要求，结合课程教学目标、教学内容和教学手段，以及职业教育学生学习和认知编写开发。教材突出价值引领与知识能力培养交融、专业技能培养与社会担当意识结合。

教材编写初衷是让初学者能够快速入门，掌握 Adobe After Effects 的基本操作和核心功能，通过系统的学习，读者将能够独立完成视频的剪辑、合成、特效制作等工作。为了使读者能够将所学知识灵活运用到实际工作，教材精心挑选了具有代表性的真实项目案例，从基础操作到高级特效制作，逐步引导读者深入学习 Adobe After Effects 的各项功能与技巧。每个案例都设定了明确的目标和任务，让你在实际操作中理解知识的应用场景，如同置身于真实的工作环境，积累项目经验，提升解决问题的能力。

本教材共分为 12 章，第 1 章介绍了 Adobe After Effects 的基本概念和界面操作；第 2~8 章分别讲解了项目管理、素材的使用，以及图层、时间轴、合成、画笔工具、文字动画等核心功能；第 9、10 章分别介绍了色彩校正和抠像等进阶功能；第 11 章介绍了常用内置滤镜功能；第 12 章为综合案例实训。随书提供的数字资源中涵盖综合性实例章节，提供进阶性知识内容，便于读者提高实际应用能力，从而更加高效地掌握这款软件，在多媒体创作的道路上扬帆起航，创造出属于自己的精彩视觉作品。

本教材具有鲜明的职业教育特征，在分析数字艺术类专业所需的岗位需求和典型工作任务基础上确定了本教材的知识结构和内容体系。为了方便读者学习，本教材采用了图文并茂的方式进行编写，每一个知识点都配有详细的图解和操作步骤。案例内容由浅入深，技法讲解循序渐进，便于学生迅速掌握 Adobe After Effects 软件的核心知识及技能。

同时，教材融入新形态一体化教材开发理念，以纸质教材为核心，读者可以通过扫描教材中提供的二维码，获取更多的线上资源。书中所有案例均配套了相应的微课视频、案例讲解、电子教案、素材文件、案例工程资源，做到纸质教材和电子教案相结合，最大限度地方便读者学习。

本教材编写团队由经验丰富的一线教师与企业专家组成。本教材由李雪冰、关文昊老师任主编，马银徽、薛佳辉、孙炳欣、王鹏、陈佳佳、高殿杰担任副主编。其中，李雪冰负责编写第 1 ~ 3 章内容；关文昊负责编写 4 ~ 7 章内容及制作教材微课教学视频；马银徽负责编写第 8、9 章内容及整合素材文件；薛佳辉、孙炳欣共同编写第 10 章、11 章及制作电子教案；王鹏、陈佳佳负责编写第 12 章内容及制作教学 PPT，高殿杰负责教学资源及部分案例的开发与整理。

由于编者水平有限，书中难以避免存在不足之处，垦请广大读者和同行批评指正。编者衷心希望所分享的教学和制作经验能对读者有一点帮助。

编　者

目录

第1章　初识 After Effects 2022 ………………………………………………………… 1

1.1　After Effects 2022 的工作界面 …………………………………………………… 1
　1.1.1　标准工作界面 …………………………………………………………………… 2
　1.1.2　打开、关闭、显示面板或窗口 ………………………………………………… 4
1.2　After Effects 2022 的功能面板 …………………………………………………… 5
　1.2.1　课堂案例——时间相册 ………………………………………………………… 5
　1.2.2　"项目"面板 …………………………………………………………………… 8
　1.2.3　"合成"面板 …………………………………………………………………… 10
　1.2.4　"时间轴"面板 ………………………………………………………………… 15
　1.2.5　"工具"面板 …………………………………………………………………… 20
1.3　After Effects 2022 的菜单 ………………………………………………………… 22
　1.3.1　课堂案例——电子拼图 ………………………………………………………… 23
　1.3.2　"文件"菜单 …………………………………………………………………… 25
　1.3.3　"编辑"菜单 …………………………………………………………………… 25
　1.3.4　"合成"菜单 …………………………………………………………………… 26
　1.3.5　"图层"菜单 …………………………………………………………………… 26
　1.3.6　"效果"菜单 …………………………………………………………………… 26
　1.3.7　"动画"菜单 …………………………………………………………………… 26
　1.3.8　"视图"菜单 …………………………………………………………………… 26
　1.3.9　"窗口"菜单 …………………………………………………………………… 26
　1.3.10　"帮助"菜单 ………………………………………………………………… 28
1.4　常用首选项设置 …………………………………………………………………… 28
　1.4.1　"常规"属性组 ………………………………………………………………… 28
　1.4.2　"显示"属性组 ………………………………………………………………… 29
　1.4.3　"导入"属性组 ………………………………………………………………… 29
　1.4.4　"输出"属性组 ………………………………………………………………… 30
　1.4.5　"媒体和磁盘缓存"属性组 …………………………………………………… 30
　1.4.6　"外观"属性组 ………………………………………………………………… 30

1.5　课后习题——小球动画 ……………………………………………… 32

第 2 章　After Effects 2022 的工作流程 …………………………… 33

2.1　素材的导入与管理 ……………………………………………… 33

2.1.1　课堂案例——最美乡村风光宣传片 ……………………… 34

2.1.2　一次性导入素材 …………………………………………… 37

2.1.3　连续导入素材 ……………………………………………… 38

2.1.4　以拖曳方式导入素材 ……………………………………… 39

2.2　创建项目合成 …………………………………………………… 41

2.2.1　课堂案例——跳动的字符 ………………………………… 41

2.2.2　设置项目 …………………………………………………… 44

2.2.3　创建合成 …………………………………………………… 45

2.3　编辑视频 ………………………………………………………… 48

2.3.1　课堂案例——彩色音频 …………………………………… 49

2.3.2　添加特效滤镜 ……………………………………………… 50

2.3.3　设置动画关键帧 …………………………………………… 52

2.3.4　画面预览 …………………………………………………… 53

2.4　视频输出 ………………………………………………………… 53

2.4.1　课堂案例——制作带透明通道的素材 …………………… 55

2.4.2　渲染设置 …………………………………………………… 57

2.4.3　日志类型 …………………………………………………… 58

2.4.4　输出模块参数 ……………………………………………… 58

2.4.5　设置输出路径和文件名 …………………………………… 58

2.4.6　开启渲染 …………………………………………………… 58

2.4.7　渲染 ………………………………………………………… 59

2.5　课后习题——毛笔书写动画 …………………………………… 60

第 3 章　图层操作 …………………………………………………… 61

3.1　图层概述 ………………………………………………………… 61

3.1.1　课堂案例——海市蜃楼 …………………………………… 62

3.1.2　图层的创建方法 …………………………………………… 64

3.2　图层属性 ………………………………………………………… 67

3.2.1　课堂案例——字符动画 …………………………………… 67

3.2.2　"位置"属性 ……………………………………………… 69

3.2.3　"缩放"属性 ……………………………………………… 69

3.2.4　"旋转"属性 ……………………………………………… 70

3.2.5　"锚点"属性 ……………………………………………… 70

3.2.6　"不透明度"属性 ………………………………………… 70

3.3　图层的基本操作 ………………………………………………… 70

3.3.1　课堂案例——片头串联 …………………………………………… 70

3.3.2　图层的对齐和平均分布 ……………………………………………… 73

3.3.3　序列图层 ……………………………………………………………… 73

3.3.4　设置图层时间 ………………………………………………………… 73

3.3.5　拆分图层 ……………………………………………………………… 74

3.3.6　父子图层/父子关系 …………………………………………………… 74

3.4　课后习题——倒计时 ……………………………………………………… 75

第4章　动画基础操作 …………………………………………………………… 77

4.1　动画关键帧 ………………………………………………………………… 77

4.1.1　课堂案例——MG 动画 ……………………………………………… 78

4.1.2　关键帧动画的概念 …………………………………………………… 80

4.1.3　激活关键帧 …………………………………………………………… 82

4.1.4　关键帧导航器 ………………………………………………………… 83

4.1.5　选择关键帧 …………………………………………………………… 84

4.1.6　编辑关键帧 …………………………………………………………… 84

4.1.7　插值方式 ……………………………………………………………… 86

4.2　图表编辑器 ………………………………………………………………… 88

4.2.1　课堂案例——运动变速 ……………………………………………… 88

4.2.2　"图标编辑器"功能介绍 ……………………………………………… 90

4.2.3　变速剪辑 ……………………………………………………………… 91

4.3　嵌套 ………………………………………………………………………… 92

4.3.1　课堂案例——星球旋转 ……………………………………………… 92

4.3.2　嵌套的概念 …………………………………………………………… 95

4.3.3　嵌套的方法 …………………………………………………………… 96

4.3.4　折叠变换/连续栅格化 ………………………………………………… 97

4.4　课后习题——文字扫光效果制作 ………………………………………… 97

第5章　图层混合模式与蒙版 ………………………………………………… 99

5.1　图层混合模式 ……………………………………………………………… 99

5.1.1　课堂案例——海边夕阳 ……………………………………………… 100

5.1.2　显示或隐藏图层的混合模式选项 …………………………………… 101

5.1.3　"正常"类别 …………………………………………………………… 103

5.1.4　"减少"类别 …………………………………………………………… 105

5.1.5　"添加"类别 …………………………………………………………… 106

5.1.6　"复杂"类别 …………………………………………………………… 108

5.1.7　"差异"类别 …………………………………………………………… 110

5.1.8　HSL 类别 ……………………………………………………………… 112

5.1.9　"遮罩"类别 …………………………………………………………… 113

5.2 蒙版 ··· 116

   5.2.1 课堂案例——遮罩动画 ·· 116

   5.2.2 蒙版的概念 ··· 122

   5.2.3 蒙版的创建 ··· 123

   5.2.4 蒙版的属性 ··· 125

   5.2.5 蒙版的混合模式 ·· 126

   5.2.6 蒙版的动画 ··· 128

5.3 轨道遮罩 ··· 128

   5.3.1 课堂案例——发光元素 ·· 128

   5.3.2 面板切换 ··· 132

   5.3.3 "跟踪遮罩"控制面板 ·· 133

5.4 课后习题——国画水墨 ··· 133

第 6 章 绘画与形状 ·· 135

6.1 绘画的应用 ··· 135

   6.1.1 课堂案例——书法动画 ·· 136

   6.1.2 "绘画"面板与"画笔"面板 ·· 139

   6.1.3 画笔工具 ··· 141

   6.1.4 仿制图章工具 ··· 142

   6.1.5 橡皮擦工具 ··· 143

6.2 形状的应用 ··· 143

   6.2.1 课堂案例——植物生长 ·· 143

   6.2.2 形状概述 ··· 146

   6.2.3 形状工具 ··· 148

   6.2.4 钢笔工具 ··· 153

   6.2.5 创建文字轮廓形状图层 ·· 155

   6.2.6 形状属性 ··· 155

   6.2.7 路径变形属性 ··· 156

6.3 课后习题——军舰动画 ··· 158

第 7 章 文字及文字动画 ·· 160

7.1 文字的创建 ··· 160

   7.1.1 课堂案例——文字显示 ·· 161

   7.1.2 使用文字工具 ··· 164

   7.1.3 使用"文本"菜单命令 ·· 164

   7.1.4 使用"文本"滤镜组 ·· 165

   7.1.5 外部导入 ··· 167

7.2 文字的属性 ··· 167

   7.2.1 课堂案例——破旧文字效果 ·· 168

7.2.2　修改文字内容 ··· 170

7.2.3　"字符"和"段落"面板 ··· 170

7.3　文字的动画 ··· 172

7.3.1　课堂案例——文字节奏跳动 ·· 172

7.3.2　"源文本"动画 ·· 175

7.3.3　"动画制作工具"动画 ··· 175

7.3.4　路径动画文字 ··· 179

7.3.5　预设的文字动画 ··· 179

7.4　文字的拓展 ··· 180

7.4.1　课堂案例——文字路径 ··· 180

7.4.2　创建文字蒙版 ··· 183

7.4.3　创建文字形状 ··· 184

7.5　课后习题——打字机动画 ·· 184

第8章　三维空间 ··· 186

8.1　三维空间的属性 ·· 186

8.1.1　课堂案例——穿越楼群 ··· 186

8.1.2　三维空间概述 ··· 189

8.1.3　开启三维图层 ··· 190

8.1.4　三维图层的坐标系统 ·· 191

8.1.5　三维图层的基本操作 ·· 193

8.1.6　三维图层的材质属性 ·· 194

8.2　灯光系统 ·· 196

8.2.1　课堂案例——墙面聚光灯 ·· 196

8.2.2　创建灯光 ··· 200

8.2.3　属性与类型 ·· 200

8.2.4　灯光的移动 ·· 202

8.3　摄像机系统 ··· 203

8.3.1　创建摄像机 ·· 203

8.3.2　摄像机的属性设置 ··· 204

8.3.3　摄像机的基本控制 ··· 206

8.4　课后习题——翻书效果制作 ··· 208

第9章　色彩修正 ··· 210

9.1　色彩的基础知识 ·· 210

9.1.1　课堂案例——去色保留效果 ··· 213

9.1.2　色彩模式 ··· 217

9.1.3　位深度 ·· 220

9.2　核心滤镜 ·· 221

9.2.1 课堂案例——冷暖色调转换 ················· 221

9.2.2 "曲线"滤镜 ················· 223

9.2.3 "色阶"滤镜 ················· 225

9.2.4 "色相/饱和度"滤镜 ················· 228

9.3 其他常用滤镜 ················· 229

9.3.1 课堂案例——复古场景 ················· 229

9.3.2 "颜色平衡"滤镜 ················· 232

9.3.3 "色光"滤镜 ················· 233

9.3.4 "色调"滤镜 ················· 234

9.3.5 "曝光度"滤镜 ················· 235

9.4 课后习题——变换的花朵 ················· 235

第 10 章 抠像技术 ················· 237

10.1 常用抠像滤镜组 ················· 237

10.1.1 课堂案例——绿幕抠像 ················· 238

10.1.2 抠像技术简介 ················· 242

10.1.3 "颜色差值键"滤镜 ················· 243

10.1.4 "差值遮罩"滤镜 ················· 245

10.1.5 "提取"滤镜 ················· 246

10.1.6 "溢出抑制"滤镜 ················· 247

10.2 遮罩滤镜组 ················· 247

10.2.1 课堂案例——无绿幕抠像 ················· 248

10.2.2 "遮罩阻塞工具"滤镜 ················· 250

10.2.3 "调整实边遮罩"滤镜 ················· 250

10.2.4 "简单阻塞工具"滤镜 ················· 251

10.3 "Keylight(1.2)"滤镜 ················· 252

10.3.1 课堂案例——虚拟背景 ················· 252

10.3.2 基本抠像 ················· 255

10.3.3 高级抠像 ················· 257

10.4 课后习题——手机屏幕替换 ················· 261

第 11 章 常用内置滤镜 ················· 262

11.1 "生成"滤镜组 ················· 262

11.1.1 课堂案例——旋转霓虹 ················· 262

11.1.2 "梯度渐变"滤镜 ················· 267

11.1.3 "四色渐变"滤镜 ················· 269

11.2 "风格化"滤镜组 ················· 270

11.2.1 课堂案例——文字辉光效果 ················· 270

11.2.2 "发光"滤镜 ················· 272

11.3　"模糊和锐化"滤镜组 ························· 273
　11.3.1　课堂案例——模拟镜头对焦 ··············· 273
　11.3.2　"快速方框模糊"滤镜 ················· 275
　11.3.3　"摄像机镜头模糊"滤镜 ··············· 276
　11.3.4　"径向模糊"滤镜 ··················· 277
11.4　"透视"滤镜组 ························· 277
　11.4.1　课堂案例——树叶真实效果的制作 ··········· 278
　11.4.2　"斜面 Alpha"滤镜 ················· 279
　11.4.3　"投影"和"径向投影"滤镜 ············· 279
11.5　"过渡"滤镜组 ························· 280
　11.5.1　课堂案例——烟雾字特效 ··············· 280
　11.5.2　"卡片擦除"滤镜 ··················· 284
　11.5.3　"线性擦除"滤镜 ··················· 286
　11.5.4　"百叶窗"滤镜 ···················· 286
11.6　课后习题——数字粒子流 ··················· 286

第 12 章　综合案例实训 ····················· 287

第1章

初识 After Effects 2022

本章导读

After Effects 是 Adobe 公司推出的一款专业的视频图像特效制作软件，用于 2D 和 3D 合成、动画制作和视觉效果。作为享誉全球的电影视觉效果和动态图形软件，它是一款基于非线性编辑、层类型后期类软件。借助它内置的工具集，用户可以进行任何创意的视频制作。

After Effects 可以与其他 Adobe 系列软件进行无缝集成，可以非常方便地调入 Photoshop、Illustrator 的层文件，可以让二维和三维在一个合成中灵活混合、匹配应用，并能同时保持与灯光、阴影的交互影响。同时，第三协力厂商也研发大量 After Effects 外挂插件程序，使其主程序功能更具实用性、便利性。

After Effects 2022 新版本发布并引入了一些酷炫的新功能和变化，可以增强 VFX 和运动图形的工作流程，创建电影字幕、标题和过渡。本章主要介绍 After Effects 2022 的工作界面、功能面板、菜单以及常用首选项的设置方法等内容。

学习目标

知识目标：了解 After Effects 2022 的工作界面、功能面板及菜单，掌握 After Effects 常用首选项的设置方法。

能力目标：能够熟练掌握 After Effects 的界面基本元素，熟练运用快捷图标、快捷键完成基础性操作。

素养目标：培养学习者逐渐养成主动求知的自学习惯、乐于探索的求学精神和不畏困难的乐观态度。

1.1 After Effects 2022 的工作界面

After Effcts 2022 的标准工作界面简洁、布局清晰，了解标准工作界面的基本布局以及如何关闭和显示面板或窗口，是学习 After Effects 2022 软件的第一步。

本节知识思维导引见表 1-1。

表 1-1

工作界面	分类	内容	重要性
	标准工作界面	熟悉 Adobe After Effects 的标准工作界面	☆ ☆ ☆ ☆ ☆
	打开、关闭、显示面板或者窗口	掌握如果打开、关闭、显示面板或窗口	☆ ☆ ☆

1.1.1 标准工作界面

启动 After Effects 2022 之后，进入该软件的标准工作界面，这也是软件默认的工作界面，如图 1-1 所示。当然，After Effects 2022 也支持根据个人工作习惯对工作界面进行自定义的设置。

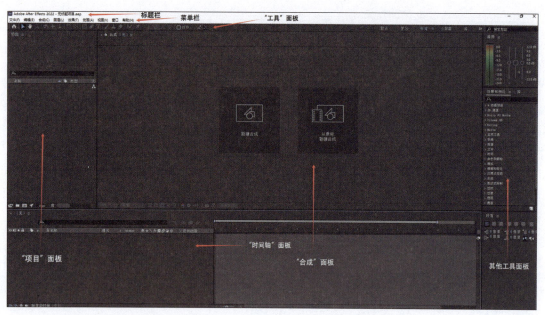

图 1-1

After Effects 2022 标准工作界面主要由 6 个主要面板和 1 个菜单栏组成。

菜单栏：包含"文件""编辑""合成""图层""效果""动画""视图""窗口""帮助"9 个菜单，这 9 个菜单内包含了 After Effects 2022 软件的全部操作命令，如图 1-2 所示。

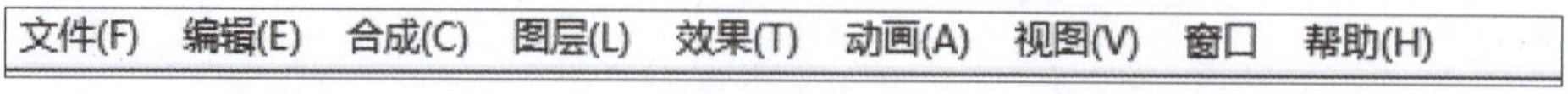

文件(F)	编辑(E)	合成(C)	图层(L)	效果(T)	动画(A)	视图(V)	窗口	帮助(H)

图 1-2

（1）"工具"面板：主要集成了选择、缩放、旋转、文字等一些常用工具，如图 1-3 所示。

图 1-3

（2）"项目"面板：主要用于管理素材和合成，在"项目"面板里面可以看到素材。作为影视后期合成软件，操作之前，需要先导入素材放到"项目"面板里面，如图 1-4 所示。

（3）"合成"面板：主要用于预览最终合成的效果，也可以控制和管理素材。比如制作动画及添加特效，可以在"合成"面板中显示出来，如图 1-5 所示。

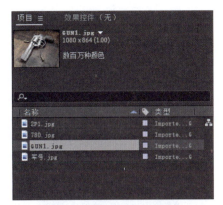

图 1-4

图 1-5

（4）"时间轴"面板：可以在该面板中对素材进行剪裁、调整时间和添加特效等操作，如图 1-6 所示。

图 1-6

（5）其他"工具"面板：该部分包含了"信息""音频""预览""效果和预设"等面板，如图1－7所示。

1.1.2 打开、关闭、显示面板或窗口

After Effects 的各种面板可以通过自定义来改变其位置、大小。通过执行"窗口"菜单中的命令，可以打开相应的面板，如图1－8所示。单击面板名称旁的 ▤ 按钮，执行"关闭面板"命令可以关闭面板，如图1－9所示。单击"浮动面板"命令，使该面板悬浮，如图1－10所示。

图1－7

图1－8

图 1-9

图 1-10

1.2　After Effects 2022 的功能面板

After Effects 2022 有四大核心功能面板，分别是"项目"面板、"合成"面板、"时间轴"面板和"工具"面板。本节知识思维导引见表 1-2。

表 1-2

	分类	内容	重要性
功能面板	"项目"面板	用于查看每个合成或者素材的尺寸、持续时间和帧速率等相关信息	☆☆☆☆
	"合成"面板	通过该面板能够直观地看到要处理的素材文件	☆☆☆☆☆
	"时间轴"面板	用于控制图层的动画及特效滤镜	☆☆☆☆
	"工具"面板	集成了在项目制作中经常用到的工具	☆☆☆☆

1.2.1　课堂案例——时间相册

素材位置：实例文件\CH01\课堂案例——时间相册\（素材）

实例位置：实例文件\CH01\课堂案例——时间相册 . aep

案例描述：新手在熟悉整个 After Effects 软件的过程中，需要了解素材的处理、时间轴的操作以及合成影片的基本流程。本案例中使用给定的图片素材进行简单的处理，加上音频文件，可以制作出简单的音乐相册。本案例的制作效果如图 1-11 所示。

难易指数：★

图 1–11

任务实施：

步骤 01：在学习资源中找到"实例文件\CH01\课堂案例——时间相册.aep"文件，并将其打开。在"项目"面板中，右击，选择"导入"，在弹出的窗口中，选择"文件"，如图 1–12 所示，然后在弹出的窗口中选择"日出.MOV"，单击"导入"按钮即可。重复导入步骤，将"田地.MOV""俯视.MOV"导入"项目"面板中。

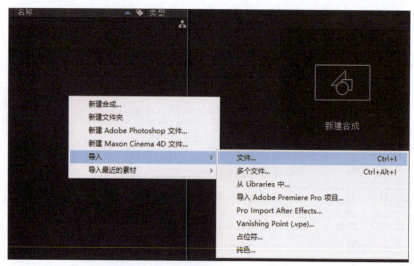

图 1–12

步骤 02：在"项目"面板中，选中"日出.MOV"视频文件。将其拖曳到"时间轴"面板上，这样文件以图层的形式显示在"时间轴"面板上。同时，在"合成"面板中，按照视频文件的名称和视频长度，自动创建了一个合成，如图 1–13 所示。

步骤 03：将其他两个视频文件依次拖曳到"时间轴"面板"日出.MOV"视频的下方，上方图层的内容会遮挡住下方图层的内容，可以通过拖曳图层，改变不同图层之间的上下位置关系，如图 1–14 和图 1–15 所示。

图 1-13

图 1-14

图 1-15

步骤 04：在"时间轴"面板的右侧，每个图层对应了一个或长或短的色块，这个色块的长度代表了该图层持续时间的长短，可以通过拖曳来修改该图层出现的时间。将"俯视.MOV"拖曳到最上面的图层，"田地.MOV"拖曳到第二图层，如图 1-16 所示。

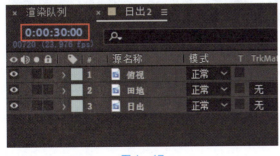

图 1-16

步骤 05：可以把鼠标指针放在"时间轴"面板左上角，如图 1-17 所示，将当前时间线调整为 0：00：30：00，这样就可以将时间线精确到该时间点。选择"日出.MOV"，按 Alt +组合键，可以将该视频素材进行剪切，如图 1-18 所示。

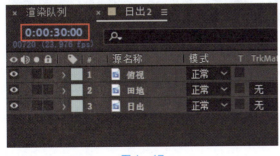

图 1-17

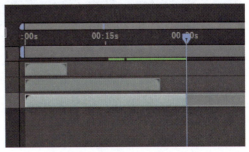

图 1-18

步骤 06：在"预览"面板中，单击"播放/停止"按钮，即可预览这段视频，如图 1 – 19 所示。

图 1 –19

1.2.2 "项目"面板

"项目"面板主要用于管理素材与合成。在"项目"面板中可以查看每个合成及素材的尺寸、持续时间、帧速率等相关信息，如图 1 –20 所示。

（1）素材预览区域：显示素材的基本信息，包括名称、尺寸、像素长宽比、持续时间、颜色数量、视频格式、音频编码、比特率、声音轨道，如图 1 –21 所示。

图 1 –20

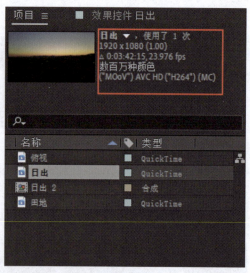

图 1 –21

（2）素材的使用信息：单击三角形会显示素材的使用次数以及素材的使用路径，如图 1 – 22 所示。

（3）快速查找某一个素材：可以在"搜索"图标旁的文本框中进行素材查找（快捷键：Ctrl + F），如图 1 –23 所示。

图 1-22 图 1-23

（4）找回丢失的素材：选择素材，右击，单击"重新加载素材"或者"替换素材"→"文件"，如图 1-24 所示。

图 1-24

（5）解释素材：通过修改素材的某些属性（像素长宽比、帧速率、颜色配置文件及 Alpha 通道类型等），使素材更容易融入合成中，如图 1-25 所示。

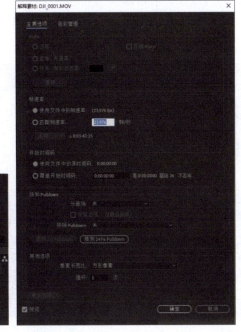

图 1-25

（6）新建文件夹：便于对素材进行分类操作，如图 1 – 26 所示。

（7）新建合成：可以修改合成名称、分辨率大小、像素长宽比、帧速率、持续时间等参数，如图 1 – 27 所示。

图 1 – 26

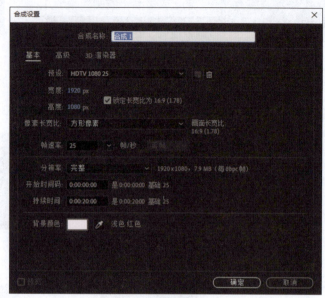

图 1 – 27

1.2.3 "合成"面板

在"合成"面板中，能够直观地看到要处理的素材文件。"合成"面板也不单单是效果的显示窗口，它还可以作为素材的直接处理窗口，在 After Effects 2022 中的绝大多数操作都要依赖该面板来完成，可以说"合成"面板在 After Effects 2022 中是不可缺少的部分，如图 1 – 28 所示。

图 1 – 28

参数详解：

（1）显示比例 25%：调节在预览窗口中看到的图像的显示比例。单击该下拉按钮，会显示可以设置的数值，如图 1－29 所示，直接选择需要的数值即可调节图像的显示比例。

> **技巧小贴士：**
>
> 一般情况下，除了在进行细节处理的时候要调节显示比例以外，都按照 100% 或者 50% 的显示比例进行制作。

（2）分辨率/向下采样系数 完整：这个下拉菜单包括 6 个选项，用于设置不同的分辨率，如图 1－30 所示。该分辨率只应用在预览窗口中，用来影响预览图像的显示质量，不会影响最终图像输出的画面质量。

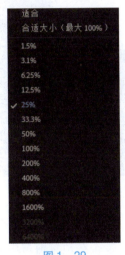

图 1－29

图 1－30

- 自动：根据预览窗口的大小自动适配图像的分辨率。
- 完整：显示状态最好的图像。选择该选项时，预览时间相对较长，占用系统内存资源较高。
- 二分之一：显示"整体"分辨率拥有像素的 1/4。一般会选择"二分之一"选项，当需要修改细节部分时，再选择"完整"选项。
- 三分之一：显示"整体"分辨率拥有像素的 1/9。
- 四分之一：显示"整体"分辨率拥有像素的 1/16。
- 自定义：选择"自定义"选项，打开"自定义分辨率"对话框，如图 1－31 所示。用户可以直接在其中设定纵、横分辨率。

（3）快速预览：用来设置预览素材的速度。其下拉菜单如图 1－32 所示。

（4）切换透明网格：单击 按钮可以将预览窗口的背景转换为透明状态（前提是图像带有 Alpha 通道），如图 1－33 所示。

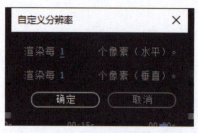

图 1-31

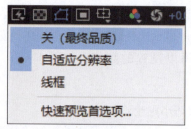

图 1-32

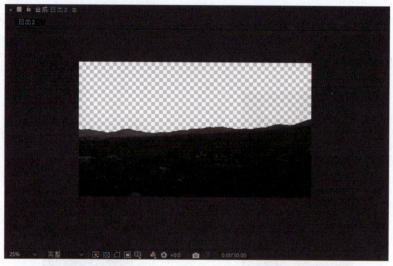

图 1-33

（5）切换蒙版和形状路径可见性 ：在使用"钢笔工具" 、"矩形工具" 或"椭圆工具" 绘制蒙版的时候，使用这个按钮可以设定是否在预览窗口中显示蒙版路径，如图 1-34 所示。

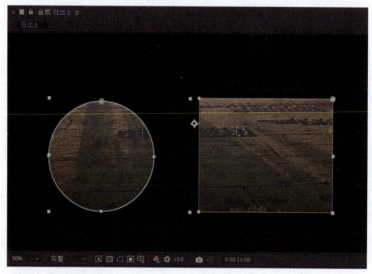

图 1-34

（6）区域 ▣：在预览窗口中只查看显示内容的按钮。在计算机配置较低而使预览时间过长的时候，使用这个按钮可以达到不错的效果。单击该按钮，在预览窗口中拖曳鼠标，绘制出一个区域，就可以预览该区域的内容了，如图 1–35 所示。如果再次单击该按钮，又会恢复显示原来的整个区域。

（7）选择网格和参考线选项：该选项组包括"标题/动作安全""对称网格""网格""参考线""标尺""3D 参考轴"6 个选项，如图 1–36 所示。

图 1–35

图 1–36

技巧小贴士：

　　安全框的主要作用是表明显示监视器上工作的安全区域，安全框由内线框和外线框两部分构成，如图 1–37 所示。

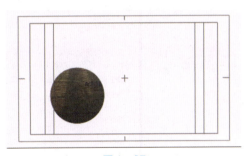

图 1–37

　　内线框是标题安全框，在画面上输入文字的时候不能超出这个框。如果超出了这个框，那么超出的部分就不会显示在电视画面上。

　　外线框是操作安全框，运动对象的所有内容都必须显示在该框的内部。如果超出了这个框，超出的部分就不会显示在电视画面上。

（8）显示通道及色彩管理设置 ：这里显示的是有关通道的内容，如图 1–38 所示。通道是 RGBA，按照"红色""绿色""蓝色""Alpha"的顺序显示。Alpha 通道的基本背景是黑色，而白色的部分则表示选区，灰色系列的颜色会呈半透明状态，在图层中可以提取这些信息并加以使用。

（9）重置曝光 ：该功能主要用来调整曝光程度，以查看素材中亮部和暗部的细节，设计师可以在预览窗口中轻松调节图

图 1–38

像的显示情况，而且曝光控制不会影响最终的渲染。其中，![icon]用来恢复初始值，![+0.0]用来设置曝光值。

（10）快照![icon]："快照"的作用是把当前预览窗口中的画面拍摄成照片。拍摄的静态画面可以保存在内存中，以便以后使用，除了单击该按钮，也可以按快捷键 Shift + F5 进行操作，如果想要多保存几张快照，可以依次按快捷键 Shift + F5、Shift + F6、Shift + F7 和 Shift + F8。

（11）显示快照![icon]：在保存快照以后，这个按钮才会被激活，它显示的是保存快照的最后一个文件。当依次按快捷键 Shift + F5、Shift + F6、Shift + F7、Shift + F8，保存几张快照以后时，只要按顺序按 F5、F6、F7、F8 键，就可以按照保存顺序查看快照。

技巧小贴士：

因为快照要占用计算机内存，所以在不使用的时候最好把它删除。删除的方法是执行"编辑"→"清理"→"快照"菜单命令，如图 1 - 39 所示，或依次按快捷键 Ctrl + Shift + F5、Ctrl + Shift + F6、Ctrl + Shift + F7 和 Ctrl + Shift + F8。

图 1 - 39

执行"清理"命令，可以在运行程序的时候删除保存在内存中的内容，它包括"所有内存与磁盘缓存""所有内存""撤销""图像缓存内存""快照"5 个命令。

（12）当前时间![0:00:00:00]：显示当前时间指针所在位置的时间。在这个位置单击，会弹出如图 1 - 40 所示的对话框，在对话框中输入一个时间点，时间指针就会移动到输入的时间点上，预览窗口中就会显示当前时间点对应的画面。

图 1 - 40

技巧小贴士：

图 1-40 中的 0:00:00:00 按照顺序显示的分别是时、分、秒和帧。如果要移动到的位置是 1 分 30 秒 10 帧，只要输入 0:01:30:10 就可以了。

1.2.4　"时间轴"面板

将"项目"面板中的素材拖曳到时间轴上，确定时间点后，位于"时间轴"面板中的素材将以图层的方式显示。此时每个图层都有属于自己的属性，而"时间轴"面板用于控制图层的运动和时间状态，它是 After Effects 2022 软件的核心部分。本小节将对"时间轴"面板的各个重要功能和按钮进行详细的讲解。"时间轴"面板的全部内容如图 1-41 所示。

图 1-41

"时间轴"面板的功能较其他面板来说相对复杂一些，下面对其进行详细介绍。

（1）显示当前合成项目的名称，如图 1-42 所示。

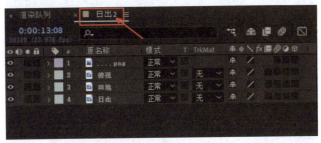

图 1-42

（2）显示当前合成中时间指针所处的位置及该合成的帧速率：按住 Alt 键的同时单击该区域，可以改变时间显示的方式，如图 1-43 所示。

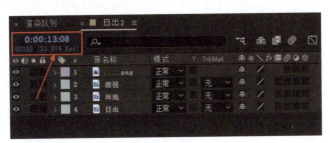

图 1-43

（3）层查找栏：利用该功能可以快速找到指定的图层，如图1-44所示。

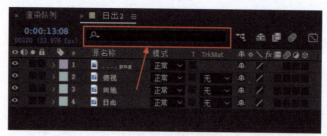

图1-44

（4）合成微型流程图▤：单击该按钮可以快速查看合成与图层之间的嵌套关系或快速在嵌套合成间切换，如图1-45所示。

（5）消隐开关▲：用来隐藏时间轴中指定的图层。当"时间轴"面板中图层特别多的时候，使用该功能的作用尤

图1-45

为明显。选择需要隐藏的图层，单击图层上的▲按钮，将其切换成如图1-46所示状态。这时并没有任何变化，然后单击▲按钮，选择的图层就被隐藏了，如图1-47所示。再次单击▲按钮，刚才隐藏的图层又会重新显示出来。

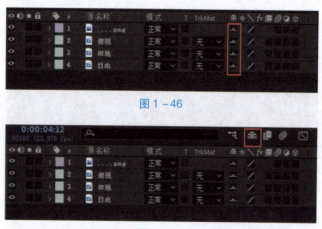

图1-46

图1-47

（6）帧混合开关▣：在渲染的时候，该功能在原素材的帧速率时加入平滑插补的帧，一般在使用"时间伸缩"以后应用。使用方法是选择需要改变帧速率导致帧数不够的图层，单击图层上的▣按钮，最后单击▣按钮，如图1-48所示。

图1-48

（7）运动模糊开关 ：该功能是在 After Effects 2022 中移动图形或者文字元素的时候加入模糊效果，其使用方法与帧混合一样，必须先单击图层上的  按钮，然后确保  按钮处于开启状态，才能出现运动模糊效果。图 1－49 所示的是一张图片从上到下的位移，在运用运动模糊效果前后的对比。

图 1－49

技巧小贴士：

"隐藏所有图层""帧混合""运动模糊"这 3 项功能在"功能区域 1"和"功能区域 2"中都有控制按钮。其中，"功能区域 1"的控制按钮是总开关，而"功能区域 2"的控制按钮只针对单一图层，操作时，必须把两个区域的控制按钮同时开启才能产生作用。

（8）图表编辑器 ：单击该按钮可以打开曲线编辑器窗口。单击"图表编辑器"按钮 ，然后选择带有关键帧的属性，这时可以在曲线编辑器中看到一条可编辑的曲线，如图 1－50 所示。

""时间轴"面板上方功能详解：

（1）显示图标 ：其作用是在预览窗口中显示或者隐藏图层的画面内容。当"眼睛"被激活时，图层的画面内容会显示在预览窗口中；相反，当"眼睛"被取消激活时，在预览窗口中就看不到图层的画面内容了。

图 1－50

（2）音频图标 ：在时间轴中添加音频文件以后，图层上会生成"音频"图标，单击"音频"图标，将小喇叭图标取消，再次预览的时候就听不到声音了。

（3）独奏图标 ：在某图层中激活"独奏"功能以后，其他图层的显示图标就会从黑色变成灰色，"合成"面板中就只会显示激活了"独奏"功能的图层的画面内容，同时暂停显示其他图层的画面内容，如图 1－51 所示。

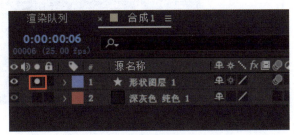

图 1－51

（4）锁定图标🔒：显示该图标表示相关的图层处于锁定状态，再次单击该图标即可解除锁定。一个图层被锁定后，就无法选择这个图层了，也不能对其应用任何效果。这个功能通常会应用在已经完成全部制作的图层上，从而避免由于失误而删除或者损坏制作完成的内容。

（5）三角形图标▶：单击三角形图标以后，三角形指向下方，同时展开显示图层的相关属性，如图1-52所示。

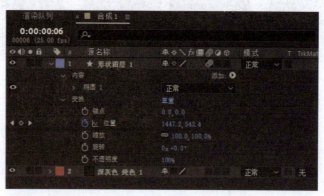

图1-52

（6）标签颜色图标🏷：单击标签颜色图标后，会出现多种颜色选项，如图1-53所示，用户只要从中选择自己需要的颜色就可以改变标签的颜色。其中，"选择标签组"命令是用来选择所有标签颜色相同的图层的。

（7）编号图标＃：用来标注图层的编号，它会从上到下依次显示图层的编号，如图1-54所示。

图1-53

图1-54

（8）源名称 源名称 /图层名称 图层名称 ：单击"源名称"后，此处会变成"图层名称"。在"时间轴"面板中，素材的名称不能更改，而图层的名称可以更改，单击图层名称后按Enter键，就可以修改名称了。

（9）隐藏图层 ：用来隐藏指定的图层。当项目中的图层特别多的时候，该功能的作用尤为明显，并且该命令在其上方功能区 被激活时才可以使用。

（10）栅格化 ：当图层是"合成"或 AI 文件时，才可以使用"栅格化"功能。使用该功能后，"合成"图层的质量会提高，渲染时间会减少，也可以不使用"栅格化"功能，以使 AI 文件在变形后保持最高分辨率与平滑度。

（11）质量和采样 ：这里显示的是从预览窗口中看到的图像的质量，单击该按钮可以在"低质量""中质量""高质量"这 3 种显示方式之间切换，如图 1 -55 所示。

图 1 -55

（12）特效图标 fx ：在图层上添加特效滤镜以后，就会显示该图标；反之，取消该图标，则该图层中的特效不会被显示，如图 1 -56 所示。

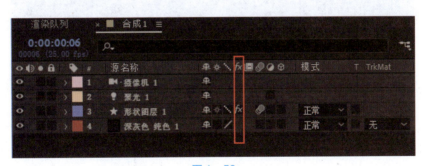

图 1 -56

（13）帧混合 、运动模糊 ，帧混合功能用于在视频快放或慢放时，进行画面的帧补偿。

（14）调整图层 ：调整图层在一般情况下直接添加是无任何效果的，但是添加在调整图层上的特效，将影响下面所有图层的显示效果。一般在进行画面色彩校正时用得比较多。

（15）三维空间按钮 ：其作用是将二维图层转换成带有深度空间信息的三维图层，经常在粒子处理以及灯光、摄像机的配合下才进行使用。

（16）父级控制面板 父级和链接 ：将一个图层设置为父图层时，对父图层的操作（如位移、旋转和缩放等）将影响到它的子图层，而对子图层的操作则不会影响到父图层。

1.2.5 "工具"面板

在制作项目的过程中，经常要用到"工具"面板中的一些工具，如图 1－57 所示。这些都是项目操作中使用频率极高的工具，希望读者熟练掌握。

图 1－57

工具详解：

（1）选取工具 ：主要作用是选择图层和素材等，快捷键为 V。当合成中存在 3D 图层时，选取工具右侧会增加三个工具 ，这些工具用于开启或关闭 3D 图层上的操控手柄的位置、缩放和旋转功能，如图 1－58 所示。

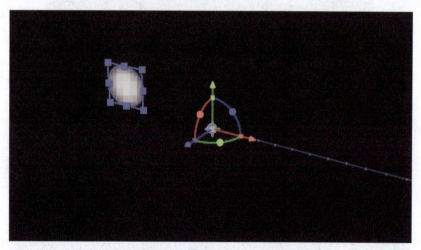

图 1－58

（2）手形工具 ：与 Photoshop 中的功能一样，它能够在预览窗口中移动整体画面，快捷键为 H。

（3）缩放工具 ：用于放大与缩小显示画面，快捷键为 Z。默认状态下是放大工具 。在预览窗口中单击会将画面放大一倍，在选取"缩放工具" 后，按住 Alt 键，指针呈 状，这时单击就会缩小画面。

（4）绕光标旋转工具 ：控制摄像机以鼠标单击的地方为中心进行旋转，子菜单中还包含绕场景旋转工具 和绕相机信息点旋转工具。该工具的快捷键为 1。

（5）移动工具 ：控制摄像机以鼠标单击的地方为原点进行平移，子菜单中还包含平移摄像机 POI 工具 。该工具的快捷键为 2。

（6）向光标方向推拉镜头工具▦：控制摄像机以鼠标单击的地方为目标进行推拉，子菜单中还包含推拉至光标工具▮和推拉至摄像机 POI 工具▮。该工具的快捷键为 3。

技巧小贴士：

After Effects 2022 的"工具"面板中有 3 类共 8 种摄像机控制工具，分别用来进行摄像机的位移、旋转和推拉等操作，如图 1-59 所示。

（7）旋转工具▮：在"工具"面板中选择了"旋转工具"▮之后，工具箱的右侧会出现如图 1-60 所示的两个选项，这两个选项表示在使用三维图层的时候，将通过什么方式进行旋转操作，它们只适用于三维图层，因为只有三维图层才同时具有 X 轴、Y 轴和 Z 轴。"方向"选项只能用于改动 X 轴、Y 轴和 Z 轴中的一个，而"旋转"选项则可以用于旋转各个轴。该工具的快捷键为 W。

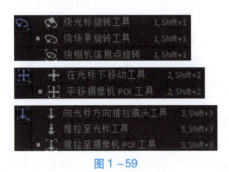

图 1-59

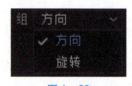

图 1-60

（8）向后平移（锚点）工具▦：主要用于改变图层轴心点的位置，确定了轴心点，就意味着将以哪个轴心点为中心进行旋转、缩放等操作。图 1-61 展示了不同位置的轴心点对画面元素缩放效果的影响。该工具的快捷键为 Y。

图 1-61

（9）矩形工具▮：使用该工具可以创建方形的蒙版。在该工具上按住鼠标左键，将打开子菜单，其中包含 5 个子工具，可以按需进行绘制区域，如图 1-62 所示。该工具的快捷键为 Q。

（10）钢笔工具：使用该工具可以创建任意形状的蒙版。在该工具上按住鼠标左键，将打开子菜单，其中包含 5 个子工具，如图 1-63 所示。该工具的快捷键为 G。

（11）文字工具：在该工具上按住鼠标左键，将打开子菜单，其中包含两个子工具，分别为横排文字工具和直排文字工具，如图 1-64 所示。该工具的快捷键为 Ctrl + T。

图 1-62

图 1-63

图 1-64

（12）绘图工具：该工具组由画笔工具、仿制图章工具和橡皮擦工具组成。该工具的快捷键为 Ctrl + B。

（13）画笔工具：使用该工具可以在图层上绘制需要的图像，但该工具不能单独使用，需要配合"绘画"面板、"画笔"面板一起使用。

（14）仿制图章工具：该工具和 Photoshop 中的"仿制图章工具"一样，可以复制需要的图像并将其应用于其他部分，生成相同的内容。

（15）橡皮擦工具：使用该工具可以擦除图像，可以通过调节它的笔触大小来控制擦除区域的大小。

（16）Roto：使用该工具可以对画面进行自动抠图处理，适用于颜色对比强烈的画面。该工具的快捷键为 Alt + W。

（17）操控点工具：在该工具上按住鼠标左键，将打开子菜单，其中包含 5 个子工具，如图 1-65 所示。使用操控点工具可以为光栅图像或矢量图形快速创建出非常自然的动画。该工具的快捷键为 Ctrl + P。

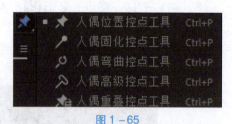

图 1-65

1.3 After Effects 2022 的菜单

After Effects 2022 的菜单栏中共有 9 个菜单，分别是"文件""编辑""合成""图层""效果""动画""视图""窗口""帮助"菜单，如图 1-66 所示。

文件(F)	编辑(E)	合成(C)	图层(L)	效果(T)	动画(A)	视图(V)	窗口	帮助(H)

图 1-66

本节知识思维导引见表 1-3。

表 1-3

	名称	作用	重要性
菜单栏内容	文件	用于执行针对项目文件的一些基本操作	☆☆☆☆
	编辑	包含一些常用的编辑命令	☆☆☆☆
	合成	用于设置合成的相关参数，以及执行针对合成的一些基本操作	☆☆☆
	图层	包含与图层相关的大部分命令	☆☆☆☆
	效果	包含了 After Effects 中的所有效果滤镜	☆☆☆☆
	动画	用于设置视图的显示方式	☆☆☆
	窗口	用于打开或者关闭浮动窗口或面板	☆☆☆
	帮助	软件的帮助菜单	☆☆

1.3.1　课堂案例——电子拼图

素材位置： 实例文件\CH01\课堂案例——电子拼图\（素材）

实例位置： 实例文件\CH01\课堂案例——电子拼图.aep

案例描述： 通过本案例的制作，可以掌握在 After Effects 中添加、编辑参考线的方法。本案例的制作效果如图 1-67 所示。

难易指数： ★

图 1-67

任务实施：

步骤 01：在学习资源中找到"实例文件\CH01\课堂案例——电子拼图.aep"文件，并将其打开。将"项目"面板中的"拼图 01""拼图 02""拼图 03"和"拼图 04"四个文件拖曳到"时间轴"面板中。

步骤 02：在"时间轴"面板中，单击"拼图 01"图层左侧的三角形图标，选择"变换"→"缩放"，将"缩放"属性设置为（40.0%，40.0%），如图 1-68 所示。然后对"拼图 02"进行同样的操作。

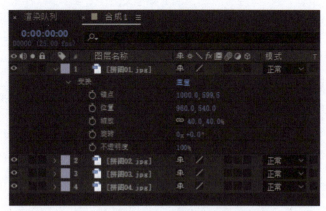

图 1-68

步骤03：执行"视图"→"显示标尺"菜单命令，确保"显示参考线"和"对齐到参考线"也处于被勾选的状态，如图 1-69 所示。这时"合成"面板的上部和左部会出现标尺，把鼠标指针放到标尺范围内，待鼠标指针变为双箭头时，向面板中心拖曳鼠标即可得到一条参考线，当图层边缘靠近参考线时，图层会自动吸附对齐到参考线上，拖曳两条参考线，使其分别与"拼图01"的上边缘和右边缘对齐，如图 1-70 所示。

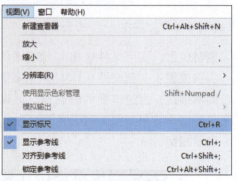

图 1-69

图 1-70

步骤04：在"合成"面板中拖曳"拼图02"，使它的上边缘与横向的参考线对齐。拖曳"拼图03"，使它的左边缘与纵向的参考线对齐，将"拼图04"选中，将它的右边缘与纵向的参考线对齐，如图 1-71 所示。

图 1-71

技巧小贴士：

　　参考线可以有很多条，添加的方法同前面介绍的一样，若想暂时隐藏参考线，可以取消勾选"显示参考线"，若想删除现有参考线，可以执行"视图"→"清除参考线"菜单命令。

1.3.2　"文件"菜单

"文件"菜单中的命令主要用于执行针对项目文件的一些基本操作，如图 1-72 所示。

1.3.3　"编辑"菜单

"编辑"菜单中包含一些常用的编辑命令，如图 1-73 所示。

新建(N)	>
打开项目(O)...	Ctrl+O
打开最近的文件	>
在 Bridge 中浏览...	Ctrl+Alt+Shift+O
关闭(C)	Ctrl+W
关闭项目	
保存(S)	Ctrl+S
另存为(S)	>
增量保存	Ctrl+Alt+Shift+S
恢复(R)	
导入(I)	>
导入最近的素材	>
导出(X)	>
Adobe Dynamic Link	>
查找	Ctrl+F
将素材添加到合成	Ctrl+/
基于所选项新建合成	Alt+\
整理工程(文件)	>
监视文件夹(W)...	
脚本	>
创建代理	>
设置代理(Y)	>
解释素材(G)	>
替换素材(E)	>
重新加载素材(L)	Ctrl+Alt+L
许可...	
在资源管理器中显示	
在 Bridge 中显示	
项目设置...	Ctrl+Alt+Shift+K
退出(X)	Ctrl+Q

撤销切换关键帧	Ctrl+Z
无法重做	Ctrl+Shift+Z
历史记录	>
剪切(T)	Ctrl+X
复制(C)	Ctrl+C
带属性链接复制	Ctrl+Alt+C
带相对属性链接复制	
仅复制表达式	
粘贴(P)	Ctrl+V
清除(E)	Delete
重复(D)	Ctrl+D
拆分图层	Ctrl+Shift+D
提升工作区域	
提取工作区域	
全选(A)	Ctrl+A
全部取消选择	Ctrl+Shift+A
标签(L)	>
清理	>
编辑原稿...	Ctrl+E
在 Adobe Audition 中编辑	
模板(M)	>
首选项(F)	>
键盘快捷键	Ctrl+Alt+'
Paste Mocha mask	

图 1-72　　　　　　　　　　　　　　　　　　图 1-73

1.3.4 "合成"菜单

"合成"菜单中的命令主要用于设置合成的相关参数，以及执行针对合成的一些基本操作，如图 1-74 所示。

1.3.5 "图层"菜单

"图层"菜单中包含与图层相关的大部分命令，如图 1-75 所示。

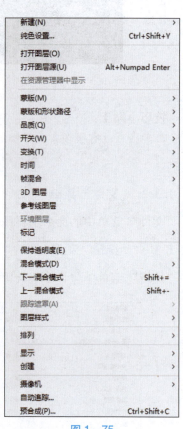

图 1-74   图 1-75

1.3.6 "效果"菜单

"效果"菜单主要集成了一些与滤镜相关的命令，如图 1-76 所示。

1.3.7 "动画"菜单

"动画"菜单中的命令主要用于设置动画关键帧及其属性，如图 1-77 所示。

1.3.8 "视图"菜单

"视图"菜单中的命令主要用来设置视图的显示方式，如图 1-78 所示。

1.3.9 "窗口"菜单

"窗口"菜单中的命令主要用于打开或关闭浮动窗口或面板，如图 1-79 所示。

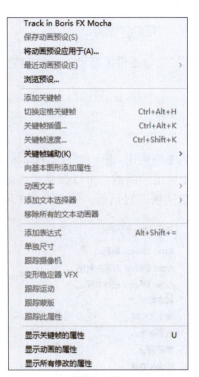

效果控件(E)	F3
操控	Ctrl+Alt+Shift+E
全部移除(R)	Ctrl+Shift+E
3D 通道	▸
Boris FX Mocha	▸
Cinema 4D	▸
Keying	▸
Matte	▸
表达式控制	▸
沉浸式视频	▸
风格化	▸
过渡	▸
过时	▸
抠像	▸
模糊和锐化	▸
模拟	▸
扭曲	▸
生成	▸
时间	▸
实用工具	▸
通道	▸
透视	▸
文本	▸
颜色校正	▸
音频	▸
杂色和颗粒	▸
遮罩	▸

图 1-76

Track in Boris FX Mocha	
保存动画预设(S)	
将动画预设应用于(A)...	
最近动画预设(E)	▸
浏览预设...	
添加关键帧	
切换定格关键帧	Ctrl+Alt+H
关键帧插值...	Ctrl+Alt+K
关键帧速度...	Ctrl+Shift+K
关键帧辅助(K)	▸
向基本图形添加属性	
动画文本	▸
添加文本选择器	▸
移除所有的文本动画器	
添加表达式	Alt+Shift+=
单独尺寸	
跟踪摄像机	
变形稳定器 VFX	
跟踪运动	
跟踪蒙版	
跟踪此属性	
显示关键帧的属性	U
显示动画的属性	
显示所有修改的属性	

图 1-77

新建查看器	Ctrl+Alt+Shift+N
放大	,
缩小	,
分辨率(R)	▸
使用显示色彩管理	Shift+Numpad /
模拟输出	▸
显示标尺	Ctrl+R
✓ 显示参考线	Ctrl+;
✓ 对齐到参考线	Ctrl+Shift+;
锁定参考线	Ctrl+Alt+Shift+;
清除参考线	
导入参考...	
导出参考...	
显示网格	Ctrl+'
对齐到网格	Ctrl+Shift+'
视图选项...	Ctrl+Alt+U
✓ 显示图层控件	Ctrl+Shift+H
重置 默认 摄像机	
基于 3D 视图生成摄像机	
切换视图布局	▸
切换 3D 视图	▸
将快捷键分配给"活动摄像机 (默认)"	▸
切换到上一个 3D 视图	Esc
查看选定图层	Ctrl+Alt+Shift+\
查看所有图层	
转到时间(G)...	Alt+Shift+J

图 1-78

工作区(S)	▸
将快捷键分配给"默认"工作区	▸
扩展	▸
Lumetri 范围	
✓ 信息	Ctrl+2
元数据	
✓ 内容识别填充	
动态草图	
基本图形	
媒体浏览器	
字符	Ctrl+6
学习	
✓ 对齐	
✓ 工具	Ctrl+1
平滑器	
✓ 库	
摇摆器	
效果和预设	Ctrl+5
段落	Ctrl+7
✓ 画笔	Ctrl+9
✓ 绘画	Ctrl+8
蒙版插值	
✓ 跟踪器	
进度	
✓ 音频	Ctrl+4
✓ 预览	Ctrl+3
✓ 合成: 合成 1	
✓ 合成: 合成 1	
✓ 合成: 合成 1	
图层: (无)	
效果控件: 深灰色 纯色 1	
✓ 时间轴: 合成 1	
流程图: (无)	
渲染队列	Ctrl+Alt+0
素材: (无)	
✓ 项目	Ctrl+0
Create Nulls From Paths.jsx	
VR Comp Editor.jsx	

图 1-79

1.3.10 "帮助"菜单

"帮助"菜单提供了帮助、反馈和更新信息等相关命令，如图1−80所示。

1.4 常用首选项设置

要想熟练地运用 After Effects 2022 制作项目，就必须熟悉首选项中的参数设置。通过设置首选项中合适的参数，可以提高工作效率，通过执行"编辑"→"首选项"菜单中的命令来打开"首选项"对话框，如图1−81所示，本节讲解常用的参数选项。

关于 After Effects...	
After Effects 帮助...	F1
After Effects 应用内教程...	
After Effects 在线教程...	
脚本帮助...	
表达式引用...	
效果参考...	
动画预设...	
键盘快捷键...	
系统兼容性报告...	
启用日志记录	
显示日志记录文件	
联机用户论坛...	
提供反馈...	
管理我的帐户...	
登录...	
Updates...	

图1−80

常规(E)...	Ctrl+Alt+;
预览(P)...	
显示(D)...	
导入(I)...	
输出(O)...	
网格和参考线...	
标签(B)...	
媒体和磁盘缓存...	
视频预览(V)...	
外观	
新建项目...	
自动保存...	
内存与性能...	
音频硬件...	
音频输出映射...	
类型...	
脚本和表达式...	
3D...	
通知...	

图1−81

本节知识思维导引见表1−4。

表1−4

	名称	作用	重要性
首选项	常规	设置 After Effects 的运行环境	☆☆☆
	显示	设置运动路径、图层缩略图等信息的显示方式	☆☆☆☆
	导入	设置静止素材在导入合成中的相关信息	☆☆☆☆
	输出	设置存放溢出文件的磁盘路径及输出参数	☆☆☆☆
	媒体和磁盘缓存	设置内存和缓存的大小	☆
	外观	设置用户界面的颜色及界面按钮的显示方式	☆

1.4.1 "常规"属性组

"常规"属性组主要用来设置 After Effects 2022 的运行环境，包括对手柄大小的调整及对整个操作系统的协调性的设置，如图 1 – 82 所示。

图 1 – 82

1.4.2　"显示"属性组

"显示"属性组主要用来设置运动路径、图层缩略图等信息的显示方式，如图 1 – 83 所示。

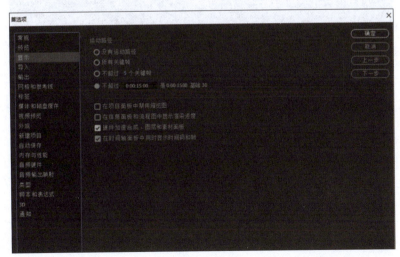

图 1 – 83

1.4.3　"导入"属性组

"导入"属性组主要用来设置静止素材在导入合成中显示的长度及导入序列图片时使用

的帧速率，同时，也可以用来标注带有 Alpha 通道的素材的使用方式等，如图 1-84 所示。

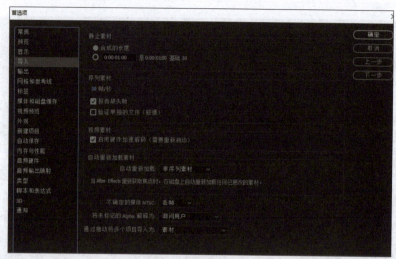

图 1-84

1.4.4 "输出"属性组

当输出文件的大小超过磁盘空间时，"输出"属性组主要用来设置存放溢出文件的磁盘路径，同时也可以用来设置序列输出文件的最大数量及影片输出的最大容量等，如图 1-85 所示。

图 1-85

1.4.5 "媒体和磁盘缓存"属性组

"媒体和磁盘缓存"属性组主要用来设置内存和缓存的大小，如图 1-86 所示。

1.4.6 "外观"属性组

"外观"属性组主要用来设置用户界面的颜色及界面按钮的显示方式，如图 1-87 所示。

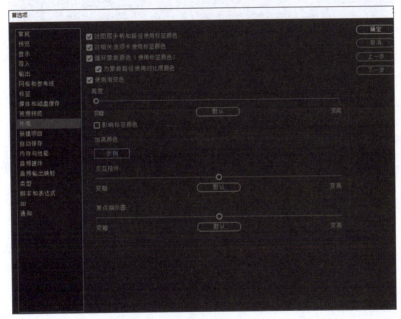

图 1−86

图 1−87

技巧小贴士：

在实际工作中，一般会在"导入"属性组中设置图像序列为"25 帧/秒"，增大"外观"属性组中的"亮度"，在"自动保存"属性组中选择"自动保存项目"。

1.5 课后习题——小球动画

素材位置：无

实例位置：实例文件\CH01\课后习题——小球动画.aep

练习目标：熟悉对"合成"面板、"时间轴"面板等的常用操作，本习题的任务是恢复正常的预览画面。效果如图1-88所示。

难易指数：★

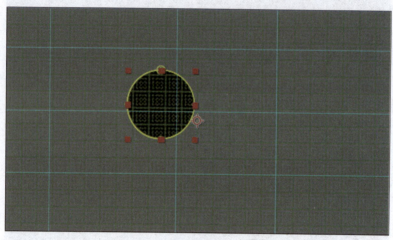

图1-88

过程提示：

步骤01：在学习资源中打开"实例文件\CH01\课后习题——小球动画.aep"文件，需要排除"视图"→"参考网格"带来的影响。

步骤02：恢复"显示通道及色彩管理"的设置，取消"目标区域"的设置。

步骤03：通过关闭"消隐开关"来显示隐藏的图层，开启"运动模糊"的总开关。

步骤04：在"预览"面板中单击"播放/停止"按钮将动画的预览画面恢复正常。

本章总结

本章学习了After Effects的工作界面，以及各个面板及功能区的作用，学习了在"时间轴"面板中操作图层进行视频或图片的调整的方法，学习了After Effects 2022中常规菜单命令。掌握扎实的软件操作知识和操作技巧，才能在以后的项目中更好地完成特效镜头的制作。

第 2 章

After Effects 2022 的工作流程

本章导读

第 1 章已经基本掌握了 After Effects 2022 软件的界面知识和基础操作，这为接下来的学习打下了坚实的基础。本章将从 After Effects 2022 的学习方法以及基本工作流程讲起。遵循工作流程既可以提高工作效率，又可以避免一些错误和麻烦，这是初学者在踏入影视工作领域必须要掌握的基本知识。

影视后期制作注重实践与应用，除了熟练运用 After Effects 2022 的软件操作之外，更重要的是，懂得如何在实际项目中运用这些技巧。

学习目标

知识目标： 了解各类素材的使用方法，了解 After Effects 的工作流程。

能力目标： 掌握导入与管理素材的方法、创建项目合成的方法、添加特效滤镜的方法、设置动画关键帧的方法、预览画面以及输出视频的方法。

素养目标： 培养学习者具备一定的素材管理能力，能够完成素材整理、筛选、备份，以及保存、管理、传递、检视回看、质检标准等工作。

2.1 素材的导入与管理

当开始一个项目时，首先要完成的工作便是将素材导入项目。素材是 After Effects 的基本构成元素，在 After Effects 中可导入的素材包括动态视频、静帧图像、静帧图像序列、音频文件、Photoshop 分层文件、Illustrator 文件、After Effects 工程中的其他合成、Premiere 工程文件及 Flash 输出的 SWF 格式文件等。

本节知识思维导引见表 2–1。

表 2–1

素材导入与管理	分类	内容	重要性
	导入素材	掌握一次性、多次性、拖曳导入素材的方式方法	★★★★

2.1.1 课堂案例——最美乡村风光宣传片

素材位置：实例文件\CH02\课堂案例——最美乡村风光宣传片\（素材）

实例位置：实例文件\CH02\课堂案例——最美乡村风光宣传片.aep

案例描述：在项目学习中，通常要对素材进行处理，需要先导入 After Effects 中进行叠加或者添加特效动画制作。通过案例学习，掌握素材的导入方法，了解不同图层之间的差别并熟悉图层之间的关系。本案例的制作效果如图 2-1 所示。

难易指数：★★

图 2-1

任务实施：

步骤 01：启动 After Effects，执行"文件"→"导入"→"文件"菜单命令，然后在"导入文件"对话框中打开学习资源中的"实例文件\CH02\课堂案例——最美乡村风光宣传片（素材）"文件夹，接着选中"素材镜头"文件，最后单击"导入"按钮，如图 2-2 所示。

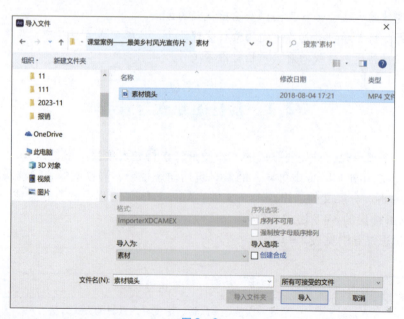

图 2-2

步骤 02：将"素材镜头"文件直接拖曳到"时间轴"面板上，或者拖入"新建合成"中，即可新创建一个合成。该合成的大小、时间长度和"素材镜头"文件一致，这样在"时间轴"面板中也会显示"素材镜头"图层，如图 2-3 和图 2-4 所示。

图 2-3

图 2-4

步骤 03：创建文字图层。在"时间轴"面板中右击，选择"新建"→"文本"，创建一个文字图层，如图 2-5 所示。

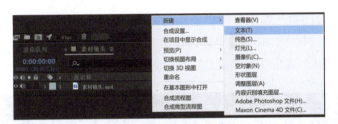

图 2-5

步骤 04：在"合成"面板中，单击即可在素材上直接输入文本，在文本框中输入"最美乡村"，如图 2-6 所示。

图 2-6

步骤05：选中"时间轴"面板中的文字图层，在右边"字符"面板中找到设置文字大小的图标，将文字大小设置为"43"，文字颜色调整为白色，将文字位置调整至画面左上角，即可在"合成"面板中看到显示效果，如图2-7所示。

步骤06：在"时间轴"面板中选择"文字"图层，然后执行"效果"→"透视"→"投影"菜单命令，如图2-8所示。

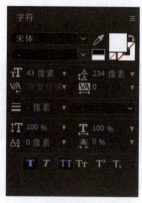

图2-7

图2-8

步骤07：在"时间轴"面板中展开"最美乡村"文字图层的"变换"属性，选择"位置"并单击"位置"属性前面的 图标，在第0帧处将其"位置"设置为"-200,79"，如图2-9所示；在第6帧处将其"位置"设置为"53,79"，如图2-10所示。

图2-9

图2-10

步骤 08：单击"最美乡村"图层后面的"运动模糊"按钮，确保"运动模糊"的总开关是点亮状态，如图 2 – 11 所示。

图 2 – 11

步骤 09：在菜单栏中执行"合成"→"添加到渲染队列"菜单命令，进行视频的输出工作，然后在"渲染队列"面板中单击"输出到"属性后边蓝色的"素材镜头"字样，如图 2 – 12 所示，接着在打开的"将影片输出到"对话框中指定输出路径，最后单击"渲染"按钮，即可输出视频。

图 2 – 12

2.1.2　一次性导入素材

将素材导入"项目"面板中的方法有多种，首先介绍单独导入素材的方法。执行"文件"→"导入"→"文件"菜单命令或按快捷键 Ctrl + I，打开"导入文件"对话框，选择需要导入的素材，单击"导入"按钮，即可将素材导入"项目"面板中，如图 2 – 13 所示。

如果需要一次性导入多个素材文件，可以配合使用 Ctrl 键框选素材，在"项目"面板的空白区域右击，然后在弹出的菜单中执行"导入"→"文件"命令也可以导入素材。

> **技巧小贴士：**
> 在"项目"面板的空白区域双击，也可以打开"导入文件"对话框。

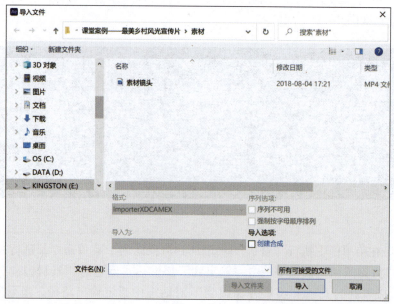

图 2 - 13

2.1.3 连续导入素材

执行"文件"→"导入"→"多个文件"菜单命令或按快捷键 Ctrl + Alt + L，打开"导入多个文件"对话框，选择需要导入的单个或多个素材，接着单击"导入"按钮即可导入素材，如图 2 - 14 所示。

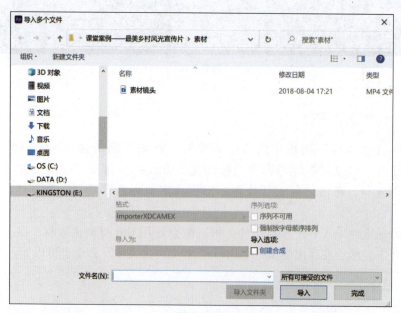

图 2 - 14

技巧小贴士：

在"项目"面板的空白区域右击，然后在弹出的菜单中执行"导入"→"多个文件"命令，也可以连续导入素材。

从图 2 - 13 和图 2 - 14 中不难发现这两种导入素材方式的差别，图 2 - 13 中显示的是"导入"和"取消"按钮，也就是说，在导入素材的时候只能一次性完成，选好素材后，单击"导入"按钮即可导入素材。

图 2 - 14 中显示的是"导入"和"完成"按钮，选好素材后，单击"导入"按钮即可导入素材，但是"导入多个文件"对话框不会关闭，此时还可以继续导入其他素材，只有单击"完成"按钮后才能完成导入操作。

2.1.4　以拖曳方式导入素材

在 Windows 系统资源管理器中，选择需要导入的素材文件或文件夹，然后将其直接拖曳到"项目"面板中，即可完成导入素材的操作，如图 2 - 15 所示。

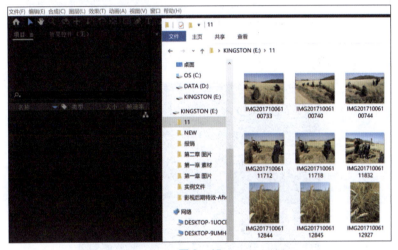

图 2 - 15

需要注意的是，如果通过执行"文件"→"在 Bridge 中浏览"菜单命令的方式来浏览素材，那么也可以用双击素材的方法直接把素材导入"项目"面板。

在"导入文件"对话框中选择要导入的素材，勾选序列选项，单击"导入"按钮，这样就可以序列的方式导入素材，如图 2 - 16 所示。

技巧小贴士：

如果只需导入序列文件中的一部分，可以在勾选某个序列选项后，框选需要导入的部分素材，然后单击"导入"按钮，即在导入含有图层的素材文件时，After Effects 可以保留文件中的图层信息，如 Photoshop 的 PSD 格式的分层文件和 Illustrator 的 AI 格式的文件，可以选择以"素材"或"合成"的方式导入，如图 2 - 17 所示。

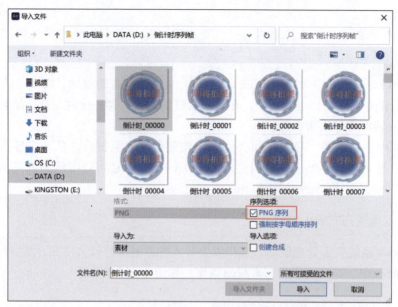

图 2 – 16

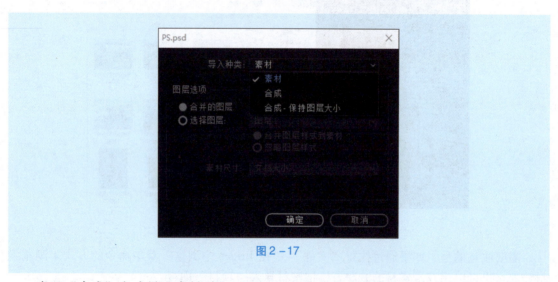

图 2 – 17

当以"合成"方式导入素材时，After Effects 会将所有素材作为一个合成，在合成里，原始素材的图层信息可以得到最大限度的保留，用户可以在这些原有图层的基础上再制作一些特效和动画。此外，采用"合成"方式导入素材时，还可以将图层样式的相关信息保留下来，也可以将图层样式合并到素材中。

如果以"素材"方式导入素材，用户可以选择以"合并图层"的方式将原始文件的所有图层合并后一起进行导入，也可以选择以"选择图层"的方式将某些特定图层作为素材进行导入。另外，将单个图层作为素材进行导入时，还可以设置素材尺寸为"文档大小"或"图层大小"，如图 2 – 18 所示。

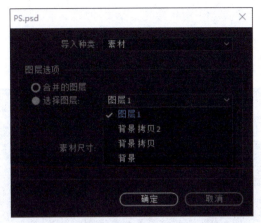

图 2 – 18

2.2 创建项目合成

将素材导入"项目"面板之后，接下来就需要创建项目合成，如果没有创建项目合成，就无法正常进行素材的效果处理。

在 After Effects 2022 中，一个工程项目中允许创建多个合成，而且每个合成都可以作为一个素材应用到其他的合成中。一个素材可以在单个合成中被多次使用，也可以在多个不同的合成中同时被使用。本节知识导引见表 2 – 2。

表 2 – 2

	分类	内容	重要性
创建合成	设置项目	掌握正确设置项目的方法	★★★
	创建合成	掌握创建合成的几种方法及合成的相关参数设置	★★★★

2.2.1 课堂案例——跳动的字符

素材位置：实例文件\CH02\课堂案例——跳动的字符\（素材）

实例位置：实例文件\CH02\课堂案例——跳动的字符．aep

案例描述：在影视后期动画，尤其在各类片头设计中，文字的动画元素占比较高。通过调整单个文字的动画，利用范围控制器以及动画关键帧的调整，可以对文字动画进行有趣的动画设置。本案例的制作效果如图 2 – 19 所示。

难易指数：★★

任务实施：

步骤 01：启动 After Effects，新建合

图 2 – 19

成，合成大小设置为 1 920 像素 ×1 080 像素，方形像素，帧速率为 25 帧/秒，持续时间为 20 秒，如图 2 –20 所示。在"时间轴"面板中右击，新建一个纯色层作为背景层。

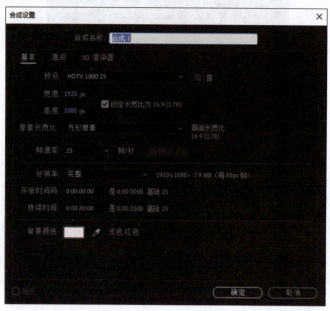

图 2 –20

步骤 02：在"项目"面板中右击，新建一个文本图层，输入"AFTER EFFECTS"字样，文字颜色调整为黑色，字符大小为 167 像素，如图 2 –21 所示，效果如图 2 –22 所示。

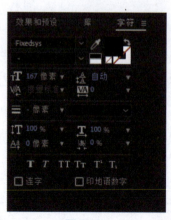

图 2 –21

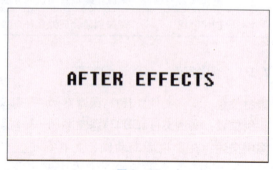

图 2 –22

步骤 03：单击"AFTER EFFECTS"文本图层，展开图层选项，在"文本"后面单击动画后的按钮，如图 2 –23 和图 2 –24 所示。

步骤 04：选择"AFTER EFFECTS"文本图层，展开选项，在文本下单击动画制作工具 1——范围选择器 1，将位置（0.0，0.0）调整为（0.0，– 120.0），如图 2 –25 所示。展开范围选择器 1，将偏移前面的时间变化秒表激活，在时间轴的第 0 帧将偏移设置为 0%，在时间轴的第 20 帧将偏移设置为 100%，效果预览如图 2 –26 所示。

图 2 - 23

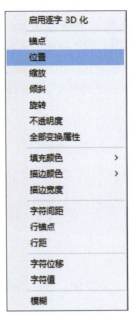

图 2 - 24

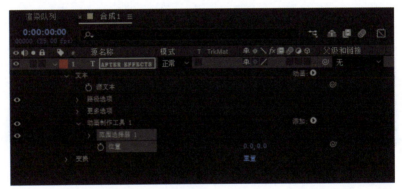

图 2 - 25

图 2 - 26

步骤05：通过调节"起始"和"结束"的数值，可以在时间轴中看到不同的效果，将"起始"调整为18%，"结束"调整为16%，拖动时间线，就能看到单个字符的跳动动画，如图2-27所示。

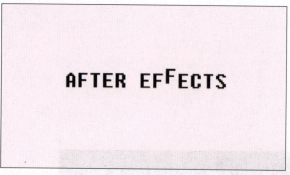

图2-27

步骤06：在"预览"面板中单击"播放/停止"按钮，可以预览当前效果。

2.2.2 设置项目

正确设置项目可以帮助用户在输出影片时避免一些错误，执行"文件"→"项目设置"菜单命令，可以打开"项目设置"对话框，如图2-28～图2-30所示。

图2-28

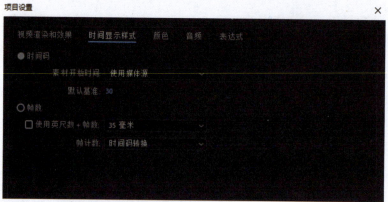

图2-29

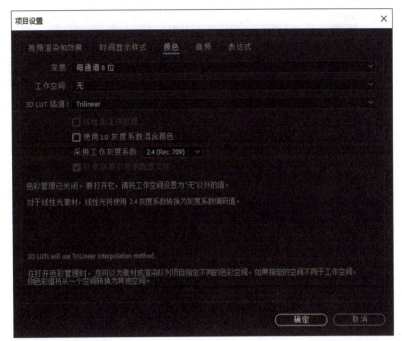

图 2-30

"项目设置"对话框中的参数分为 5 个部分，分别是视频渲染和效果、时间显示样式、颜色、音频和表达式。

其中，颜色设置是在设置项目时必须优先考虑的，因为颜色设置决定了导入素材的颜色将如何被解析，也决定了最终输出视频的颜色数据将如何被转换，一般情况下，其他的选项无须进行调整。

2.2.3　创建合成

新建合成的方法主要有以下 3 种：

第 1 种：执行"合成"→"新建合成"菜单命令。

第 2 种：在"项目"面板中单击"新建合成"按钮。

第 3 种：按快捷键 Ctrl + N。

创建合成时，After Effects 会打开"合成设置"对话框，默认显示"基本"参数设置，如图 2-31 所示。

也可以直接按照素材样式创建合成，在"项目"面板中直接将素材拖曳到"时间轴"面板中，就可以按照该素材的大小、时间长短、颜色深度创建一个新的合成。如果需要对合成进行修改，则可以在上方菜单中选择"合成"→"合成设置"，重新对整个合成进行参数调整，如图 2-32 所示。

合成参数详解：

● 合成名称：设置要创建的合成的名称。

● 预设：选择预设的影片类型，用户也可以通过选择"自定义"选项来自行设置影片类型，如图 2-33 所示。

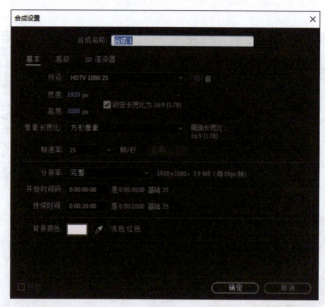

图 2-31

图 2-32

图 2-33

● 宽度/高度：设置合成的尺寸，单位为 px（像素）。

● 锁定长宽比为 16∶9：勾选该选项时，将锁定合成尺寸的宽高比例，这样当调节"宽度"和"高度"中的某一个参数时，另外一个参数也会按照比例自动进行调整。

● 像素长宽比：设置单个像素的宽高比例，可以在右侧的下拉列表中选择预设的像素宽高比，如图 2−34 所示。

● 帧速率：设置项目合成的帧速率。

● 分辨率：设置合成的分辨率，共有 4 个预设选项，分别是"完整""二分之一""三分之一""四分之一"。此外，用户还可以通过选择"自定义"选项来自行设置合成的分辨率，如图 2−35 所示。

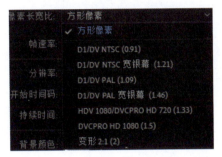

图 2−34

图 2−35

● 开始时间码：设置合成开始的时间码，默认情况下从第 0 帧开始。

● 持续时间：设置合成的总持续时间。

● 背景颜色：设置创建的合成的背景色。

在"合成设置"对话框中单击"高级"选项卡，切换到"高级"参数设置，如图 2−36 所示。

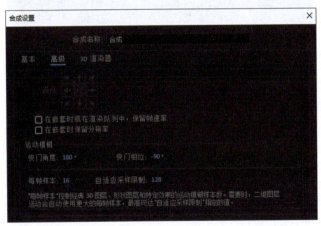

图 2−36

参数详解：

● 锚点：设置合成图像的轴心点。当修改合成图像的尺寸时，锚点位置决定了如何裁切图像和扩大图像范围。

- 保留帧速率：勾选该选项，可以在嵌套合成时或在渲染队列中继承原始合成设置的帧速率。
- 在嵌套时保留分辨率：勾选该选项，可以在进行嵌套合成时保持原始合成设置的图像分辨率。
- 快门角度：开启图层的运动模糊开关，可以影响运动模糊的效果。
- 快门相位：设置运动模糊的方向。
- 每帧样本：该参数可以控制 3D 图层、形状图层和包含特定效果图层的运动模糊效果。
- 自适应采样限制：当图层的运动模糊需要更多的帧取样时，可以通过增大该参数值来增强运动模糊效果。

> **技巧小贴士：**
>
> 快门角度和快门速度之间的关系可以用"快门速度 =1/［帧速率 ×（360/快门角度）］"这个公式来表达。例如，当快门角度为 180 度，PAL 制式视频的帧速率为 25 帧时，快门速度就是 1/50 帧/秒。

在"合成设置"对话框中单击"3D 渲染器"选项卡，切换到"3D 渲染器"参数设置，如图 2 –37 所示。

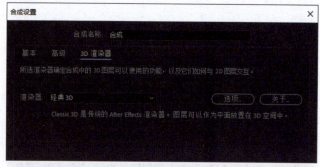

图 2 –37

参数详解：

渲染器：设置渲染引擎。用户可以根据自身的显卡配置来进行设置，单击其后的"选项"按钮，可以通过设置阴影的尺寸来确定阴影的精度。

2.3 编辑视频

After Effects 的核心内容便是对视频文件进行编辑处理，对视频文件进行剪切、添加特效滤镜，使视频效果更加的丰富。

本节知识导引见表 2 –3。

表 2 –3

视频文件的处理	分类	内容	重要性
	视频制作	为视频素材添加各种特效滤镜，丰富视觉效果	★★★★

2.3.1　课堂案例——彩色音频

素材位置：实例文件\CH02\课堂案例——彩色音频\（素材）

实例位置：实例文件\CH02\课堂案例——彩色音频 . aep

案例描述：以音乐文件为例，将使用 After Effects 中为图层添加特效滤镜的方法，将波形转变为可视化效果，可以对项目增加动画趣味元素。本案例的制作效果如图 2 - 38 所示。

难易指数：★ ★ ★

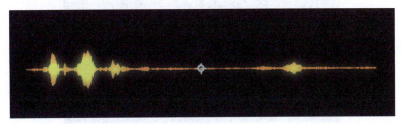

图 2 - 38

任务实施：

步骤 01：打开"实例文件\CH02\课堂案例——彩色音频 . aep"文件，然后在"音频频谱"图层上选择"效果"→"生成"→"音频频谱"，或在"效果与预设"面板中将"音频频谱"拖曳到图层中，如图 2 - 39 所示。该效果可以根据音频的频率显示图形，以供后续的操作。

步骤 02：在"项目"面板中设置"音频频谱"效果，"起始频率"为 20.0，"结束频率"为 2 000.0，"频段"为 1 200，"最大高度"为 1 200.0，"音频持续时间（毫秒）"为 200.00，"厚度"为 1.00，"内部颜色"为（255,0,0），"外部颜色"为（255,255,0），如图 2 - 40 所示。

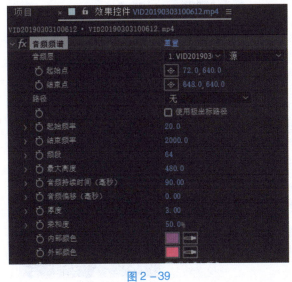

图 2 - 39

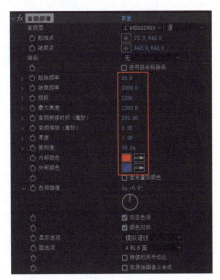

图 2 - 40

步骤03：在"音频频谱"合成上添加"风格化"→"发光"效果，并把"发光阈值"设置为20.0%，"发光半径"设置为19.0，"发光强度"设置为2，如图2-41所示。

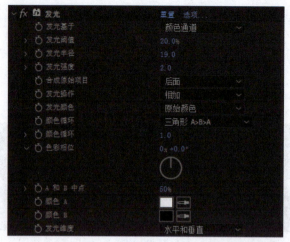

图2-41

2.3.2 添加特效滤镜

After Effects 2022 自带的滤镜有200多种，将不同的滤镜应用到不同的图层中，可以产生各种各样的特技效果，这类似于 Photoshop 中的滤镜。

> **技巧小贴士：**
> 默认情况下，效果文件存放在 After Effects 2022 安装路径下的"Adobe After Effects 2022 \ Support Files \ Plug-ins"文件夹中，效果都是作为插件引入 After Effects 中的，所以需要在 After Effects 2022 的"Plug-ins"文件夹中添加各种效果后，在重启软件时，系统会自动将效果加载到"效果和预设"面板中。

After Effects 2022 中主要有以下6种添加滤镜的方法。

第1种：在"时间轴"面板中选择图层，然后在菜单栏中执行"效果"菜单中的子命令。

第2种：在"时间轴"面板中选择图层，然后在选中的图层上右击，接着在弹出的菜单中执行"效果"菜单中的子命令，如图2-42所示。

第3种：在"效果和预设"面板中选择效

图2-42

果，然后将其拖曳到"时间轴"面板中的图层上，如图 2 - 43 所示。

图 2 - 43

第 4 种：在"效果和预设"面板中选择效果，然后将其拖曳到图层的"效果控件"面板中，如图 2 - 44 所示。

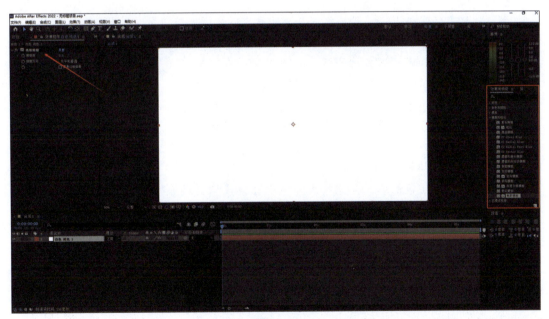

图 2 - 44

图 2 - 45

第 5 种：在"时间轴"面板中选择图层，然后在"效果控件"面板中右击，接着在弹出的菜单中选择需要的效果，如图 2 - 45 所示。

第 6 种：在"效果和预设"面板中选择效果，然后将其拖曳到"合成"面板中的图层上（在拖曳的时候要注意"信息"面板中显示的图层信息），如图 2 - 46 所示。

图 2 - 46

技巧小贴士：

复制滤镜有两种情况：一种是在同一个图层里面复制滤镜，另一种是将一个图层的滤镜复制到其他图层中，复制过去的滤镜效果与源滤镜效果相同。

第 1 种：在同一图层内复制滤镜，在"效果控件"面板或"时间轴"面板中选择需要复制的滤镜，然后按快捷键 Ctrl + D 即可完成复制操作。

第 2 种：将一个图层的滤镜复制到其他图层中，首先在"效果控件"面板或"时间轴"面板中选中图层的一个或多个滤镜，然后执行"编辑"→"复制"菜单命令或按快捷键 Ctrl + C 复制滤镜，接着在"时间轴"面板中选择目标图层，最后执行"编辑"→"粘贴"菜单命令或按快捷键 Ctrl + V 粘贴滤镜。

删除滤镜的方法很简单，在"效果控件"面板或"时间轴"面板中选择需要删除的滤镜，然后按 Delete 键即可删除。

2.3.3　设置动画关键帧

动画是在不同的时间段改变对象运动状态的过程。在 After Effects 中，动画的制作也遵循这个原理，需要修改图层的变换属性，在"位置""旋转""遮罩""效果"等选项上设置关键帧。

在 After Effects 中，用户可以使用关键帧、表达式、图表编辑器等来制作动画。此外，用户还可以使用"运动稳定"和"跟踪控制"功能来生成关键帧，这些关键帧也可以应用到其他图层中产生动画。

2.3.4　画面预览

画面预览可以让用户提前确认显示效果，便于及时了解项目实施进度，提前发现问题，提出整改意见。在预览的过程中，可以通过改变播放帧速率或画面的分辨率来改变预览的质量和预览等待的时间。执行"合成"→"预览"→"播放当前预览"菜单命令，可以预览画面效果，如图 2 - 47 所示。

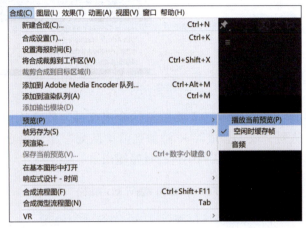

图 2 - 47

命令详解

- 播放当前预览：对视频和音频进行内存预览。内存预览的时间跟合成的复杂程度及电脑内存的大小有关，其快捷键为小键盘上的数字键 0。
- 音频：勾选该选项，播放视频的时候将同步播放音频。

2.4　视频输出

项目制作完成之后，就可以进行视频渲染输出了，每个合成的帧的大小、质量、复杂程度和输出的压缩方法不同，输出影片需要花费的时间也不同。

此外，当 After Effects 开始渲染项目时，就不能在 After Effects 中进行任何其他的操作了。本节知识导引见表 2 - 4。

表 2 - 4

	分类	内容	重要性
视频输出	渲染设置	设置输出影片的质量、分辨率	★★★★★
	输出模块参数	输出影片的音频格式参数	★★★★
	输出路径	输出影片的路径和名称	★★★★

用 After Effects 把合成项目渲染输出成视频、音频或序列文件的方法主要有以下两种。

第 1 种：在"项目"面板中选择需要渲染的合成文件，然后执行"文件"→"导出"菜单中的命令，如图 2 - 48 所示，可以输出单个合成项目。

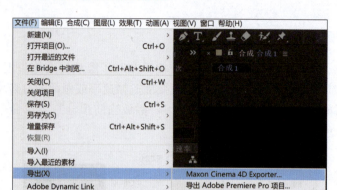

图 2-48

第 2 种：在"项目"面板中选择需要渲染的合成文件，然后执行"合成"→"添加到 Adobe Media Encoder 队列"或"合成"→"添加到渲染队列"菜单命令，如图 2-49 所示，可以将一个或多个合成添加到渲染队列中进行批量输出。

图 2-49

技巧小贴士：

按快捷键 Ctrl + M 可以达到与执行"合成"→"添加到渲染队列"菜单命令相同的效果。

执行"添加到渲染队列"菜单命令，会打开"渲染队列"面板，如图 2-50 所示。

图 2-50

2.4.1　课堂案例——制作带透明通道的素材

素材位置：实例文件\CH02\课堂案例——制作带透明通道的素材\（素材）

实例位置：实例文件\CH02\课堂案例——制作带透明通道的素材.aep

案例描述：在素材中经常遇到没有透明通道的素材，通过一些视频处理以及输出设置，可以将该素材进行加工，形成有透明通道的素材，便于后期项目的使用。本案例的制作效果如图 2-51 所示。

难易指数：★

图 2-51

任务实施：

步骤 01：打开学习资源中的"实例文件\CH02\课堂案例——制作带透明通道的素材\（素材）\标志.aep"文件。新建一个合成，将其命名为"左上角标志"，宽度调整为"300 px"，高度调整为"100 px"，持续时间为 10 秒，如图 2-52 所示。

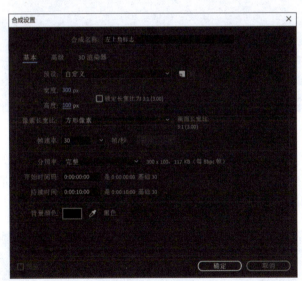

图 2-52

步骤 02：在"时间轴"面板中选择"左上角标志"，合成后，在"时间轴"面板中右击，创建"CTV 渲染样例"文字，将其字符大小调整为 32 像素，居中显示，如图 2-53 所示。

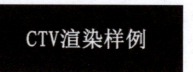

图 2–53

步骤 03：按 Ctrl + M 组合键，在"渲染队列"面板中单击"输出模块"选项后面的"高品质"蓝色字样，打开"输出模块设置"对话框，将"格式"设置为"'PNG'序列"，"通道"设置为"RGB + Alpha"（Alpha 即为透明通道），如图 2–54 所示。

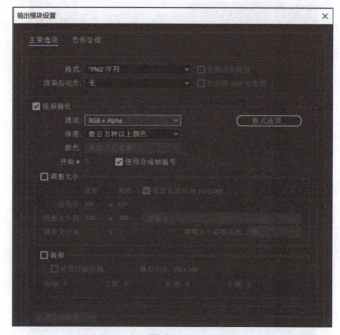

图 2–54

步骤 04：单击"输出到"选项后面的蓝色字样，打开"将影片输出到"对话框，选择一个合适的位置来保存输出的序列，并单击"保存"按钮，然后在"渲染队列"面板中单击"渲染"按钮，如图 2–55 所示。

图 2–55

步骤 05：渲染完成后，打开"实例文件 \CH02\课堂案例——制作带透明通道的素材.aep"文件，并导入刚才渲染好的序列帧，将其拖入"合成"面板左上角，调整其图层属性"位置"及"缩放"，如图 2 – 56 所示。

步骤 06：在"左上角标志"图层上添加"透视"→"投影"效果，在"预览"面板中单击"播放/停止"按钮预览当前效果，显示效果如图 2 – 57 所示。

图 2 – 56　　　　　　　　　　　　　　　　　图 2 – 57

2.4.2　渲染设置

在"渲染队列"面板中的"渲染设置"选项后面单击"最佳设置"蓝色字样，打开"渲染设置"对话框，可以对渲染品质、分辨率、渲染帧速率进行调整，如图 2 – 58 所示。

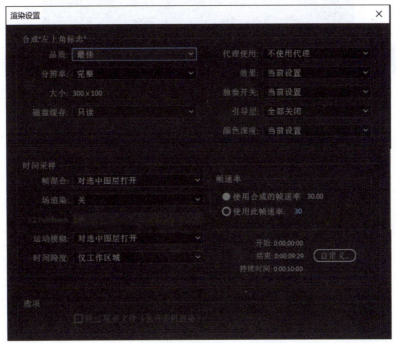

图 2 – 58

2.4.3 日志类型

日志是用来记录 After Effects 处理文件时的信息的，在"日志"下拉列表中可以选择日志类型，如图 2−59 所示。

2.4.4 输出模块参数

在"渲染队列"面板中的"输出模块"选项后面单击"高品质"蓝色字样，可以打开"输出模块设置"对话框，在输出模块设置中，可以选择渲染格式及视频输出的通道、深度等属性，也可以对输出视频的大小重新调整，如图 2−60 所示。

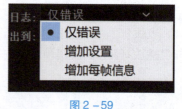

图 2−59

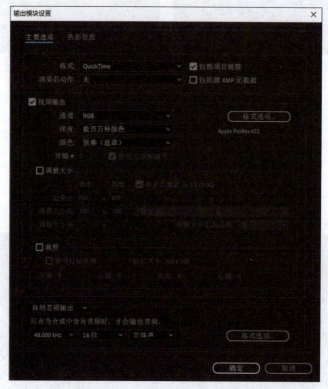

图 2−60

2.4.5 设置输出路径和文件名

在"渲染队列"面板中单击"输出到"选项后面的名称选项，可以打开"将影片输出到"对话框，在该对话框中可以设置影片的输出路径和文件名，如图 2−61 所示。

2.4.6 开启渲染

在"渲染"栏下勾选要渲染的合成，这时"状态"栏中会显示为"已加入队列"状态，如图 2−62 所示。

图 2-61

图 2-62

2.4.7　渲染

单击"渲染"按钮进行渲染输出，如图 2-63 所示。

图 2-63

2.5 课后习题——毛笔书写动画

素材位置：实例文件\CH02\课后习题——毛笔书写动画\（素材）
实例位置：实例文件\CH02\课后习题——毛笔书写动画．aep
练习目标：使用钢笔工具、描边滤镜对毛笔素材进行处理，形成书写的动画效果。本次课后习题的制作效果如图2-64所示。
难易指数：★★★

图2-64

过程提示：

步骤01：打开学习资源中的"实例文件\CH02\课后习题——毛笔书写动画．aep"文件，将"项目"面板中的"文字．png"拖曳到合成中置于顶层。

步骤02：为"文字"图层添加"生成"→"涂写"效果，在"效果控件"面板中把"涂抹"设置为"所有蒙版使用模式"，调整"涂写"效果的参数。

步骤03：为"文字"图层添加"生成"→"描边"效果，添加"扭曲"→"湍流置换"效果，为其增添边缘细小的扭曲细节，调整两个效果的参数。

步骤04：为"涂写"和"描边"效果中的"结束"设置动画关键帧。

步骤05：播放预览视频，观察动画效果。

本章总结

通俗地讲，流程就是做事的步骤，第一步做什么，第二步该做什么。本章对After Effects整个工作流程进行了清晰的讲解，从导入与管理素材的方法，到创建项目合成的方法，再到如何添加特效滤镜和设置动画关键帧，最后介绍了预览画面及输出视频的方法。掌握好After Effects的工作流程，也为顺利完成工作项目做好了知识的铺垫。

第3章

图层操作

本章导读

图层就像是含有文字或图形等元素的胶片，一张张按顺序叠放在一起，最后组合成丰富的画面效果。在影视制作中，无论是创建合成、设置动画还是制作特效，都离不开图层。可以说图层概念与运用奠定了动画、影视制作的基础。

After Effects 的图层是将不同的元素（如文字、图像、视频、音频等）分别独立放在不同的层级上，然后通过不同的属性和效果进行调整和编辑，最终组合成一个完整的视频作品。每个图层都可以单独进行编辑，包括位置、大小、颜色、透明度、旋转、缩放、遮罩等。本章介绍图层的相关内容，包括图层的创建方法、图层的属性及图层的基本操作等。

学习目标

知识目标： 掌握图层概念及创建方法，熟悉图层的属性、参数调整等基本操作。

能力目标： 能够掌握图层的基本参数设置，能够利用图层的基本参数进行动画调节。

素养目标： 培养学习者具备灵活运用知识技能对素材优化处理，保证项目整体性和流畅度的能力。

3.1 图层概述

图层是实现各种视觉特效的基础，通过对不同图层的调整和组合，可以实现各种复杂的动画和特效效果，如剪切、遮罩、蒙版、变形、抠图、粒子等。此外，图层还可以用作合成和混合，将多个图层组合成一个完整的视频作品。

本节知识导引见表 3-1。

表 3-1

图层	分类	内容及作用	重要性
	图层的创建	了解图层的创建方法	★★★★★

3.1.1 课堂案例——海市蜃楼

素材位置： 实例文件\CH03\课堂案例——海市蜃楼\（素材）

实例位置： 实例文件\CH03\课堂案例——海市蜃楼.aep

案例描述： 案例中通过不同图层的叠加，组成高低远近的楼群，在纯色层中加分形噪波的滤镜，通过调整噪波的形态和图层叠加模式，从而形成雾气缭绕的视觉效果。本案例制作的效果如图 3-1 所示。

难易指数： ★★

图 3-1

任务实施：

步骤 01：启动 After Effects，导入学习资源中的"实例文件\CH03\课堂案例——海市蜃楼.aep"文件，然后在"项目"面板中双击"海市蜃楼"加载该合成，如图 3-2 所示。

步骤 02：将"项目"面板中的"海岸"图片拖曳到"时间轴"面板中，生成"海岸"图层，选择"海岸"图层，按 S 键展开其"缩放"属性。然后设置为（150.0%，150.0%），如图 3-3 所示。

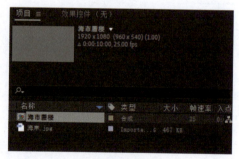

图 3-2

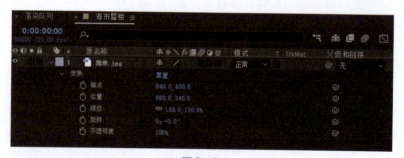

图 3-3

步骤 03：双击"项目"面板，将实例文件\CH03\课堂案例——楼 01. png 导入"项目"面板，将"楼 01. png"拖曳到"时间轴"面板中，将该图层放置到"海岸"图层上，调整图片位置并单击工具栏中的"钢笔"工具，在图层上绘制路径，如图 3 - 4 所示。

图 3 - 4

步骤 04：在"时间轴"面板中单击"楼 01"图层，展开选项，将"蒙版 1"中的"蒙版羽化"调整为 7.0 像素，并展开"变换"，将"不透明度"调整为 60%，如图 3 - 5 所示。

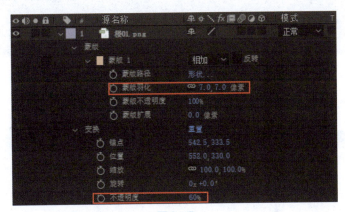

图 3 - 5

步骤 05：在"时间轴"面板中新建一个纯色层，重命名为"云雾"，在该图层上面添加"效果"→"杂色和颗粒"→"分型杂色"特效滤镜，并将该图层模式调整为"屏幕"，如图 3 - 6 所示。

图 3 - 6

步骤06：选择"云雾"图层，在工具栏中选择"钢笔"工具，如图3-7所示。在图层上绘制蒙版，绘制成功后，将"云雾"图层展开，将"蒙版羽化"调整为（140，140）像素，使云雾边缘柔和，如图3-8所示。

图3-7

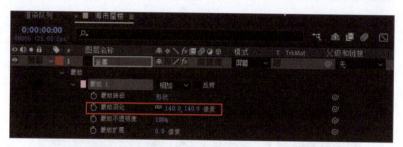

图3-8

案例效果如图3-9所示。

图3-9

3.1.2 图层的创建方法

不同类型图层的创建与设置方法也不同，可以通过导入的方式创建，也可以通过执行命令的方式创建，下面介绍几种不同类型图层的创建方法。

1. 素材图层和合成图层

素材图层和合成图层是 After Effects 中最常见的图层。要创建素材图层和合成图层，只需要将"项目"面板中的素材或合成项目拖曳到"时间轴"面板中即可。

> **技巧小贴士：**
>
> 如果要一次性创建多个素材图层或合成图层，只需要在"项目"面板中按住 Ctrl 键的同时连续选择多个素材项目或合成项目，然后将其拖曳到"时间轴"面板中即可。"时间轴"面板中的图层将按照之前选择素材的顺序进行排列。另外，按住 Shift 键也可以选择多个连续的素材项目或合成项目。

2. 纯色图层

在 After Effects 中，可以创建不同颜色和尺寸（最大尺寸可达 30 000 像素 × 30 000 像素）的纯色图层，和其他素材图层一样，用户可以在纯色图层上创建蒙版，也可以修改图层的"变换"属性，还可以对其添加特技效果。创建纯色图层的方法主要有以下两种：

第 1 种：执行"文件"→"导入"→"纯色"菜单命令，如图 3 - 10 所示，此时创建的纯色图层只显示在"项目"面板中作为素材使用。

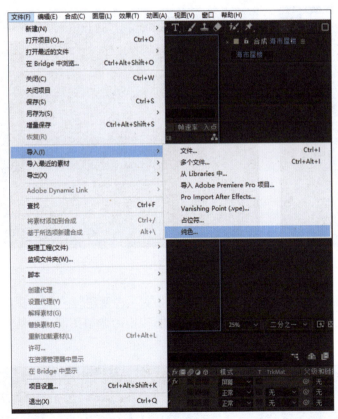

图 3 - 10

第 2 种：执行"图层"→"新建"→"纯色"菜单命令或按快捷键 Ctrl + Y，如图 3 - 11 所示。此时创建的纯色图层除了显示在"项目"面板的"固态层"文件夹中以外，还会被放置在当前"时间轴"面板的顶层位置。

图 3-11

3. 灯光、摄像机和调整图层

灯光、摄像机和调整图层的创建方法与纯色图层的创建方法类似,可以通过执行"图层"→"新建"菜单中的子命令来完成。在创建这类图层时,系统也会弹出相应的参数设置对话框。图 3-12 和图 3-13 所示分别为"灯光设置"和"摄像机设置"对话框。

图 3-12

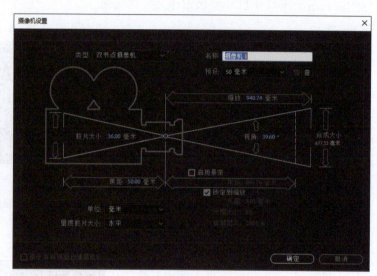

图 3-13

在创建调整图层时,除了可以通过执行"图层"→"新建"→"调整图层"菜单命令来完成外,还可以通过"时间轴"面板把选择的图层转换为调整图层,方法是单击图层名称后面的"调整图层"按钮,如图 3-14 所示。

图 3-14

3.2 图层属性

在 After Effects 中，图层属性的设置无论是在制作动画还是添加特效时都非常重要。除了单独的音频图层以外，其他图层都具有 5 个基本"变换"属性，分别是"锚点""位置""缩放""旋转""不透明度"，如图 3 – 15 所示。在"时间轴"面板中单击按钮，可以展开图层的"变换"属性。

本节知识导引见表 3 – 2。

图 3 – 15

表 3 – 2

	分类	内容及作用	重要性
图层属性	位置属性	制作图层位移动画效果	★★★★★
	缩放属性	制作图层大小改变动画效果	★★★★★
	旋转属性	以轴心点为基准制作图层旋转动画效果	★★★★★
	锚点属性	基于该点对图层进行位移、旋转、缩放等操作	★★★★★
	不透明度属性	设置图层不透明度动画效果	★★★★★

3.2.1　课堂案例——字符动画

素材位置：实例文件\CH03\课堂案例——字符动画\（素材）

实例位置：实例文件\CH03\课堂案例——字符动画.aep

案例描述：图层的基本属性是非常重要的，很多动画和特效都可以依靠这些属性做出动画特效，本案例中，通过文本图层的基本属性调整，做出字符旋转、平移等动画。本案例的制作效果如图 3 – 16 所示。

难易指数：★

图 3 – 16

任务实施：

步骤01：启动 After Effects，然后导入学习资源中的"实例文件\CH03\课堂案例——字符动画.aep"文件，接着在"项目"面板中双击"字符"加载该合成，如图 3-17 所示。

图 3-17

步骤02：在"时间轴"面板中创建纯色灰色图层，命名为"背景"。选中该图层，双击工具栏中的"椭圆工具"，就可以在"背景"图层上创建一个椭圆的蒙版，调整图层中"蒙版羽化"数值为（500,500），效果如图 3-18 所示。

图 3-18

步骤03：在"时间轴"面板中，右击，新建文本图层，命名为"字符"，输入"After Effects"，字符颜色调整为白色，字符大小调整为 150 像素，如图 3-19 所示。

图 3-19

步骤 04：选择"字符"图层，按 P 键显示其"位置"属性，然后在第 1 帧处设置"位置"属性为（－1 200,580）并激活关键帧记录器，在第 1 秒 0 帧处设置"位置"属性为（375,580）并激活运动模糊按钮，使字符动画带有模糊效果，如图 3－20 和图 3－21 所示。

图 3－20

图 3－21

步骤 05：按数字键 0 预览画面效果，如图 3－22 所示。

图 3－22

3.2.2　"位置"属性

"位置"属性主要用来制作图层的位移动画，显示"位置"属性的快捷键为 P 键。普通二维图层的"位置"属性包括 X 轴和 Y 轴两个参数，如果激活三维图层按钮，则"位置"属性变为 X 轴、Y 轴和 Z 轴 3 个参数，可以在 Z 轴增加图层深度，从而改变图层在合成中显示的顺序。

3.2.3　"缩放"属性

"缩放"属性可以轴心点为基准改变图层的大小，显示"缩放"属性的快捷键为 S 键。普通二维图层的"缩放"属性由 X 轴和 Y 轴两个参数组成，如果激活三维图层按钮，则该图层将变为由 X 轴、Y 轴和 Z 轴 3 个参数组成。在缩放图层时，可以开启或者关闭图层"缩放"属性前面的"锁定缩放"按钮，如果关闭"锁定缩放"按钮，则可以单独调节"缩放"属性中某一个单独的缩放属性。

3.2.4 "旋转"属性

"旋转"属性是指以轴心点为基准旋转图层，显示"旋转"属性的快捷键为 R 键。普通二维图层的"旋转"属性由"圈数"和"度数"两个参数组成。

如果当前图层是三维图层，那么该图层有 4 个旋转属性，分别是"方向"（可同时设定 X 轴、Y 轴和 Z 轴 3 个方向的旋转）、"X 轴旋转"（仅调整 X 轴方向的旋转）、"Y 轴旋转"（仅调整 Y 轴方向的旋转）和"Z 轴旋转"（仅调整 Z 轴方向的旋转）。

3.2.5 "锚点"属性

锚点即图层的轴心点。图层的位移、旋转和缩放操作都是基于锚点来进行的。当对图层或者元素进行位移、旋转或缩放操作时，改变轴心点的位置将得到完全不同的动画效果。

3.2.6 "不透明度"属性

"不透明度"属性是以百分比的方式来调整图层的不透明度的，显示"不透明度"属性的快捷键为 T 键。

3.3 图层的基本操作

本节重点介绍图层的基础性操作，本节知识导引见表 3－3。

表 3－3

	分类	内容及作用	重要性
图层操作	图层的对齐和分布	了解图层的对齐和平均分布操作	★★★★★
	序列图层	了解如何运用序列图层	★★★★
	设置图层时间	掌握设置图层时间的方法	★★★
	拆分图层	掌握如何拆分图层	★★★
	父子图层/父子关系	了解父子图层的设置及父子图层的关系	★★★★

3.3.1 课堂案例——片头串联

素材位置：实例文件\CH03\课堂案例——片头串联\（素材）

实例位置：实例文件\CH03\课堂案例——片头串联.aep

案例描述：图层的基本操作也可以做出特殊的动画效果，而且与添加特效滤镜相比较，图层的基本操作及组合更加节省电脑的资源。在本案例中，就是使用图层的父子关系制作出影片滚动串联的特殊效果。本案例的制作效果如图 3－23 所示。

难易指数：★★★

图 3 –23

任务实施：

步骤 01：启动 After Effects，导入学习资源中的"实例文件\CH03\课堂案例——片头串联 . aep"文件，然后在"项目"面板中双击"片头串联"加载该合成，如图 3 –24 所示。

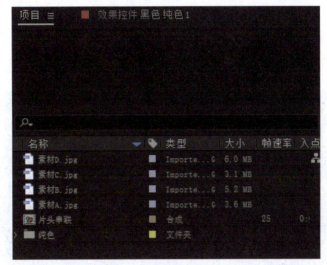

图 3 –24

步骤 02：将"素材 A、素材 B、素材 C、素材 D"一起选中，拖曳到"时间轴"面板中，选择"素材 A"图层，将"缩放"数值调整为"23. 7,23. 7%"，按 P 键显示"位置"属性，然后在第 1 秒 0 帧处设置"位置"属性为（396. 0,508. 0）并激活关键帧记录器，在第 3 秒 0 帧处设置"位置"属性为（2 000. 0,508. 0），接着选中这些关键帧并按快捷键 F9 将其变为缓动关键帧，如图 3 –25 所示。

图 3 –25

步骤03：选择"素材B"图层，按P键显示"位置"属性，在第1帧处设置"位置"属性为（－562.0，508.0）并激活关键帧记录器，在第3秒0帧处设置"位置"属性为（1 044.0，508.0），接着选中这些关键帧并按快捷键F9将其变为缓动关键帧，如图3－26所示。

图3－26

步骤04：选择"素材C"图层，在第1帧处设置"位置"属性为（－5 205.5，1 296.0），"缩放"属性为"75.8，75.8%"，在"时间轴"面板中将其"父级和链接"设置为"素材A"图层，这样，该图层就会随"素材A"图层的运动而运动，如图3－27所示。

图3－27

步骤05：同样，可以将"素材D"图层如法炮制，在"时间轴"面板中将其"父级和链接"设置为"素材A"图层，还可以设置为"素材C"图层，还可以将该图层随着其他图层一起运动，如图3－28所示。

图3－28

步骤06：按数字键0预览画面效果，如图3－29所示。预览结束后，对影片进行输出和保存。

图 3-29

3.3.2　图层的对齐和平均分布

使用"对齐"面板可以对图层进行对齐和平均分布操作。执行"窗口"→"对齐"菜单命令，可以打开"对齐"面板，如图 3-30 所示。

需要注意的是，在对齐图层时，至少需要选择 2 个图层；在平均分布图层时，至少需要选择 3 个图层。

如果选择右边对齐的方式来对齐图层，那么所有图层都将以位置靠在最右边的图层为基准进行对齐；如果选择

图 3-30

左边对齐的方式来对齐图层，那么所有图层都将以位置靠在最左边的图层为基准来对齐图层。

如果选择平均分布的方式来对齐图层，After Effects 会自动找到位于最极端的上下或左右位置的图层来平均分布位于其间的图层。

技巧小贴士：
　　被锁定的图层不能与其他图层一同进行对齐和平均分布，文字（非文字图层）的对齐方式不受"对齐"面板的影响。

3.3.3　序列图层

当使用"关键帧辅助"中的"序列图层"命令来自动排列图层的入点和出点时，在"时间轴"面板中依次选择作为序列图层的图层，然后执行"动画"→"关键帧辅助"→"序列图层"菜单命令，可以打开"序列图层"对话框，如图 3-31 所示。

图 3-31

3.3.4　设置图层时间

设置图层时间的方法有很多种，可以使用时间设置栏对图层的出入点时间进行精确设置，也可以使用手动方式对图层时间进行直接设置，具体方法如下。

第 1 种：在"时间轴"面板中的出、入点时间上拖曳或单击，然后在打开的对话框中直接输入数值来改变图层的出、入点时间，如图 3-32 所示。

第 2 种：在"时间轴"面板的图层时间栏中，通过在时间标尺上拖曳图层的出、入点位置进行设置，如图 3-33 所示。

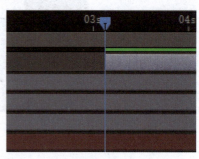

图 3 - 32　　　　　　　　　　　　　　　　　　　图 3 - 33

3.3.5　图层拆分

　　图层拆分就是将一个图层在指定的时间处拆分为多段图层。选择需要分离/打断的图层，然后在"时间轴"面板中将时间指示器拖曳到需要分离的位置，如图 3 - 34 所示。接着执行"编辑"→"拆分图层"菜单命令或按快捷键 Ctrl + Shift + D，如图 3 - 35 所示，这样就把图层在当前时间处分离开了。

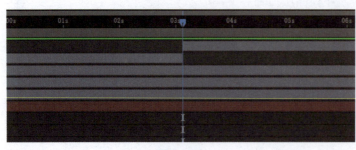

图 3 - 34　　　　　　　　　　　　　　　　　图 3 - 35

3.3.6　父子图层/父子关系

　　当改变一个图层时，如果要使其他图层也跟随该图层发生相应的变化，此时可以将该图层设置为父图层，如图 3 - 36 所示。

　　当为父图层设置"变换"属性（"不透明度"属性除外）时，

图 3 - 36

子图层也会随着父图层的变化而发生变化。父图层的"变换"属性改变会导致所有子图层发生联动变化，但子图层的"变换"属性不会对父图层产生任何影响。

　　一个父图层可以同时拥有多个子图层，但是一个子图层只能有一个父图层。在三维空间中，设置图层的运动时，通常会将一个空对象图层作为一个三维图层组的父图层，利用这个空对象图层可以对三维图层组应用"变换"属性。

　　若"时间轴"面板中没有"父级"属性，可按快捷键 Shift + F4 打开父子关系控制面板。

3.4　课后习题——倒计时

　　素材位置： 实例文件\CH03\课后习题——倒计时\（素材）
　　实例位置： 实例文件\CH03\课后习题——倒计时 . aep
　　练习目标： 巩固图层基本属性的操作和"序列图层"命令的具体应用。本习题的制作效果如图 3 - 37 所示。
　　难易指数： ★★☆☆☆

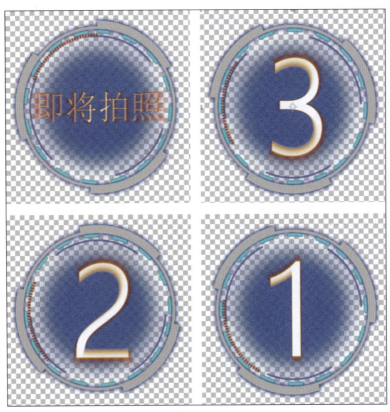

图 3 - 37

过程提示：

步骤01：启动 After Effects，然后导入学习资源中的"实例文件\CH03\课后习题——倒计时.aep"文件，接着在"项目"面板中双击"倒计时"加载该合成。

步骤02：将"倒计时"序列帧拖曳到"时间轴"面板中，对素材进行分割。

步骤03：为"圆环"素材加入"旋转"关键帧动画。

步骤04：输出视频。

本章总结

图层是构建和组织动画效果的基本单位，其作用是区分编辑对象。使用图层可以同时编辑几个不同的图像，或者把不同的图像进行合成，并从画面中隐藏或删除不需要的图像和图层。几乎所有 After Effects 操作都是建立在图层上的，无论是移动、变换还是效果添加，都是针对当前操作图层而言的。

本章着重讲解图层的创建方法，熟悉图层的属性，包括"移动""旋转""缩放""透明度"等，通过这些属性对图层进行基本操作，并通过几个案例，熟悉了图层的基本属性配合一些特效滤镜所能做到的一些动画效果。

第4章

动画操作

本章导读

在使用 After Effects 制作特效合成时，通常也需要对这些变化产生动画效果。前期我们已经熟悉了 After Effects 的基本工作流程和图层基础操作，本章将着重介绍动画的相关操作，其中包括动画关键帧的概念和设置方法、动画图表编辑器的功能和操作方法及嵌套的基本概念和使用方法，这些都是制作动画和特效时需要重点掌握的知识技能。

学习目标

知识目标：了解动画的基本概念，掌握动画关键帧的概念和设置方法，掌握动画图表编辑器的功能和操作方法，了解嵌套的基本概念并掌握嵌套的使用基本方法。

能力目标：能够运用动画关键帧完成动画和特效调整的基本技巧。

素养目标：培养学习者有较强的学习能力和理解能力，具备良好的画面感觉与节奏感。

4.1 动画关键帧

在 After Effects 中，动画的制作主要是使用关键帧技术配合动画图表编辑器来完成的，可以使用 After Effects 的表达式技术来制作动画。

本节知识思维导引见表 4 − 1。

表 4 − 1

	分类	内容	重要性
动画 关键帧	关键帧的概念	关键帧的概念	★★★★★
	激活关键帧	激活关键帧的方法	★★★★★
	关键帧导航器	关键帧导航器的运用技巧	★★★★
	选择关键帧	多种情况下选择关键帧的方式	★★★★
	编辑关键帧	编辑关键帧的技巧	★★★★★
	插值方式	使用插值的方法	★★★

4.1.1 课堂案例——MG 动画

素材位置：实例文件\CH04\课堂案例——MG 动画\（素材）
实例位置：实例文件\CH04\课堂案例——MG 动画.aep

MG 动画 – 素材

案例描述：MG 动画即动态图形或图形动画，简单来说，动态图形可以解释为会动的图形设计，是现在较为流行的一种影像艺术。本案例中综合应用了图层和关键帧等常用制作技术来完成 MG 动画的制作。制作效果如图 4 – 1 所示。

MG 动画录屏

难易指数：★ ★ ★

图 4 – 1

任务实施：

步骤 01：启动 After Effects 2022，导入学习资源中的"实例文件\CH04\课堂案例——MG 动画.aep"文件，然后在"项目"面板中双击"MG_logo"加载该合成，如图 4 – 2 所示。

步骤 02：在"时间轴"面板中右击，在弹出的菜单中选择"新建"→"纯色"命令，将颜色设置为（235,177,10），将该图层命名为"背景"，如图 4 – 3 所示。

图 4 – 2

图 4 – 3

　　步骤 03：为"MG_logo"图层设置动画关键帧，这一步操作所要达到的效果是 MG_logo 从视图中心弹跳到画面的上方。选中"MG_logo"图层，在第 10 帧处设置"位置为""为"（960.0,0,0），并激活关键帧，在第 20 帧处设置"位置"为（960.0,700.0），在第 1 秒第 2 帧处设置"位置"为（960.0,430.0），如图 4 - 4 所示。此时画面的预览效果如图 4 - 5 所示。

图 4 - 4

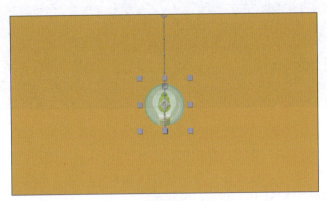

图 4 - 5

　　步骤 04：设置"MG_logo"图层的后续动画关键帧，这一步需要设置 MG_logo 变大且下落到画面底端的过程。在第 0 秒 15 帧处设置"缩放"为（100.0,100.0），在第 0 秒 20 帧处设置"缩放"为（130.0,130.0），在第 1 秒第 2 帧处设置"缩放"为（100.0,100.0），如图 4 - 6 所示。

图 4 - 6

　　步骤 05：设置"MG_logo"图层移动时的关键帧，并使图层的运动速度在各个关键帧之间平滑过渡。框选所有的关键帧，按快捷键 F9 将它们的插值从线性转化为贝塞尔曲线，如图 4 - 7 所示。

图 4-7

步骤06：将"项目"面板中"素材"文件夹下的"线条动画.Mov"导入"时间轴"面板。将"线条动画"图层放在"背景"图层上方，并在时间轴中让其入点位于第0秒第21帧处，并调整"位置"为（958.0,779.0），如图4-8所示。

图 4-8

步骤07：为"MG_logo"图层添加阴影。选择"MG_logo"图层，然后执行"效果"→"透视"→"投影"菜单命令，接着在"效果控件"面板中设置"不透明度"为20%、"距离"为0.0、"柔和度"为31.0，如图4-9所示。

步骤08：渲染并输出动画，最终效果如图4-10所示。

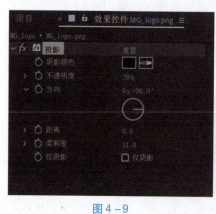

图 4-9

图 4-10

4.1.2 关键帧动画的概念

了解关键帧动画的概念，首先要了解动画的制作流程。制作动画是一个系统且庞大的流程，需要多人合作，但是多人合作又会导致动作不连贯（毕竟每个人对动作的理解不可能完全一样）。于是原画师（主动画师）负责绘制动作关键位置，例如动作的起始位置和结束位置，并控制好整个动作的时间与节奏，然后由其他动画师补足中间帧。简单地说，关键帧动画，是表示关键状态的帧动画。任何动画要表现运动或变化，至少前后要给出两个不同的关键状态，而中间状态的变化和衔接由动画师完成，如图 4 – 11 和图 4 – 12 所示。

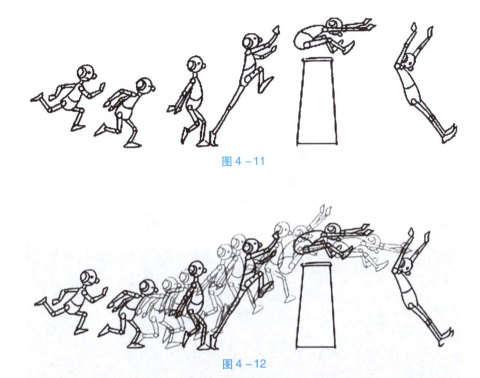

图 4 – 11

图 4 – 12

现在的动画基本都是利用计算机来完成制作的，所以中间帧可便由计算机来完成，所有影响画面图像的参数都可以作为关键帧的参数，如图 4 – 13 所示。

图 4 – 13

After Effects 可以依据前后两个关键帧来识别动画的起始状态和结束状态，然后动画自动计算中间的动画过程产生视觉动画。

当然，在起始状态与结束状态中间，还可以有其他的关键帧来表示运动状态的转折点，如图 4 –14 所示。

图 4 –14

4.1.3 激活关键帧

在 After Effects 中，每个可以制作动画的图层参数前面都有一个"时间变化秒表"按钮，单击该按钮，使其呈凹陷状态，即可开始制作关键帧动画。

一旦激活"时间变化秒表"按钮，"时间轴"面板中的任何时间进程都将产生新的关键帧；再次单击"时间变化秒表"按钮，所有设置的关键帧都将消失，参数设置将保持当前时间的参数值。激活与未激活的"时间变化秒表"按钮如图 4 –15 所示。

图 4 –15

设置关键帧的方法主要有两种：第 1 种是激活"时间变化秒表"按钮；第 2 种是制作动画曲线关键帧，如图 4 –16 所示。

图 4 –16

4.1.4　关键帧导航器

当图层参数设置了关键帧，在 After Effects 中就会显示关键帧导航器，通过导航器可以更加便捷地指定关键帧。因为通过导航器可以快速完成从一个关键帧跳转到上一个或者下一个关键帧的选择，如图 4 – 17 所示。添加和删除关键帧，同时也可以通过关键帧导航器完成，如图 4 – 18 所示。

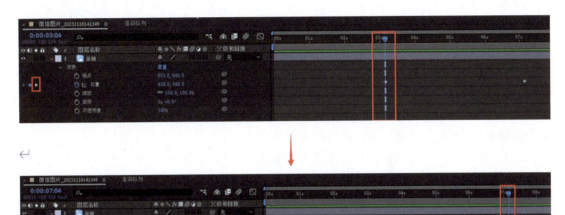

图 4 – 17

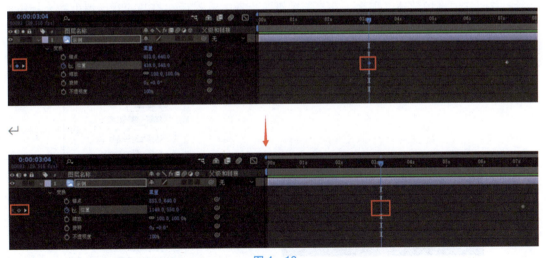

图 4 – 18

工具详解：

● 如 ◄●► 所示，单击左侧箭头可跳转至上一关键帧位置。当前部分无关键帧时，则此按钮不生效。快捷键为 J 键。

● 单击右侧箭头可跳转至下一关键帧位置，同理，当后部分无关键帧时，则此按钮不生效，快捷键为 K 键。

- 如  和 所示，当菱形标显示为灰色时，则表明当前位置无关键帧，此时单击此按钮，可在当前位置添加关键帧。

- 同样，当菱形标显示为蓝色时，则表明当前位置有关键帧，此时单击此按钮，可将当前位置的关键帧删除。

> **技巧小贴士：**
>
> 　　操作关键帧动画时，有以下两个方面需要关注：其一，关键帧导航器只针对当前属性的关键帧进行导航，而快捷键 J 和 K 针对展示的所有关键帧进行导航；其二，按住 Shift 键的同时移动当前的时间指针，时间指针会自动吸附对齐到关键帧上。

4.1.5　选择关键帧

在选择关键帧时，会有以下三种情况需要关注：

其一，要选择单个关键帧，只需要单击关键帧。

其二，要选择多个关键帧，可以在按住 Shift 键的同时连续单击需要选择的关键帧，也可以通过框选来选择需要的关键帧。

其三，要选择图层属性的所有关键帧，单击"时间轴"面板中的图层属性的名称即可。

4.1.6　编辑关键帧

1. 调整关键帧数值

如需调整关键帧数值，那么，在当前关键帧上双击，然后在打开的对话框中输入相应的数值即可，如图 4 – 19 所示。在当前关键帧上右击，在弹出的菜单中执行"编辑值"命令，也可以完成关键帧数值的调整，如图 4 – 20 所示。

图 4 – 19

图 4 – 20

对于涉及空间的一些图层参数的关键帧，也可以使用"钢笔工具"进行调整，具体操作步骤如下：

（1）在"时间轴"面板中选择需要调整的图层参数。

（2）在"工具"面板中单击"钢笔工具"。

（3）在"合成"面板或"图层"面板中使用"钢笔工具"  添加关键帧，以改变关键帧的插值方式。如果结合 Ctrl 键，还可以移动关键帧的空间位置，如图 4 – 21 所示。

图 4 –21

2. 移动关键帧

选择关键帧后，按住鼠标左键的同时拖曳关键帧即可移动关键帧。如果选择的是多个关键帧，移动的关键帧之间相对位置保持不变。

3. 对一组关键帧进行整体时间缩放

同时选择 3 个以上的关键帧，在按住 Alt 键的同时使用鼠标左键拖曳第 1 个或最后 1 个关键帧，可以对这组关键帧进行整体时间缩放。

4. 复制和粘贴关键帧

可以将不同图层中的相同属性或不同属性（但是需要具备相同的数据类型）的关键帧进行复制和粘贴操作，可以互相复制和粘贴关键帧的图层属性包括以下 4 种。

第 1 种：具有相同维度的图层属性，例如"不透明度"属性。

第 2 种：效果的角度控制属性和具有滑块控制的图层属性。

第 3 种：效果的颜色属性。

第 4 种：蒙版属性和图层的空间属性。

一次只能从一个图层属性中复制关键帧，把关键帧粘贴到目标图层属性中时，被复制的第 1 个关键帧出现在目标图层属性的当前时间，而其他关键帧将以被复制的顺序依次排列，粘贴后的关键帧仍然处于被选择的状态，以方便用户继续对其进行编辑。复制和粘贴关键帧的步骤如下：

（1）在"时间轴"面板中选择已有关键帧的图层，展开图层属性，选择想要复制的关键帧，可选择单个或者多个。

（2）执行"复制"命令（快捷键 Ctrl + C），可将刚才选中的关键帧进行复制。

（3）在"时间轴"面板中选择将要粘贴关键帧的图层，展开图层属性，将时间线拖曳到想要粘贴的时间点位置。

（4）选中"接受图层"的图层属性，然后执行"粘贴"命令（快捷键 Ctrl + V），可将刚才复制的关键帧粘贴到已选中的图层位置。

> **技巧小贴士：**
>
> （1）如果复制关键帧和原图层的属性相同（比如复制了"缩放"图层中的关键帧，而粘贴的目标图层也是"缩放"图层），那么直接单击接受图层，执行"粘贴"命令即可粘贴关键帧，无须其他操作。
>
> （2）如果复制关键帧和原图层的属性不同，那么需要选择接受图层的目标属性图层才能粘贴关键帧（即需要展开接受图层的图层属性，单击相应的目标图层）。
>
> 注意：如果复制的关键帧位置与粘贴的关键帧位置在同一时间位置，此时粘贴的关键帧信息将会覆盖原有的关键帧属性。

5. 删除关键帧

删除关键帧也有很多的方法，常用的方法有以下 4 种。

第 1 种：选中一个或多个关键帧，执行"编辑"→"清除"菜单命令。

第 2 种：选中一个或多个关键帧，按 Delete 键执行删除操作。

第 3 种：当时间指针对齐当前关键帧时，单击"添加或删除关键帧"按钮 ◎ 即可删除当前关键帧。

第 4 种：如需删除某属性的所有关键帧，那么选中属性名称（即可选中该属性中的所有关键帧），按 Delete 键删除即可。

4.1.7 插值方式

插值就是在两个已知的数据之间以一定方式插入未知数据的过程。在数字视频制作中，就意味着在两个关键帧之间插入新的数值，使用插值可以制作出更加自然的动画效果。如果要改变关键帧的插值方式，可以选择需要调整的一个或多个关键帧，然后执行"动画"→"关键帧插值"菜单命令，接着在"关键帧插值"对话框中进行详细设置，如图 4 - 22 所示。

图 4 - 22

常见的插值方式包括"线性"插值和"贝塞尔"插值两种形式，这两种形式有其典型的特征：

"线性"插值：关键帧之间对数据进行平均分配。

"贝塞尔"插值：基于贝塞尔曲线形状，可以改变数值变化的速度。

从"关键帧插值"对话框中可以看到一共有三栏（即运算方法）可供选择。

（1）临时插值：主要针对进入以及离开关键帧的相关属性，即进入和离开时的速度变化，可实现匀速、加速、突变等运动。

（2）空间插值：只针对"位置"起作用，用来控制空间运动路径，即某个范围内的速度变化。

（3）漂浮：可使有漂浮属性的关键帧漂浮。注："漂浮"运算方法无法对第一个关键帧及最后一个关键帧生效。

关键帧在种类上又分为时间关键帧和空间关键帧，当种类不同时，所表现的方式也是不同的。

1. 时间关键帧

时间关键帧，也就是影响视频出点关键帧及入点关键帧的设置。当在关键帧差值中对关键帧进行设置时，关键帧的图标也会有不同的变化，如图 4 – 23 所示。

图 4 – 23

（1）此图标为最常见图标外观，在图表编辑器中，表现为线性匀速变化，如图 4 – 24 所示。

（2）此图标在选择"定格"设置时变化，其表现为以线性匀速方式进入，一直平滑到出点，数值固定无变化。图表编辑器如图 4 – 25 所示。

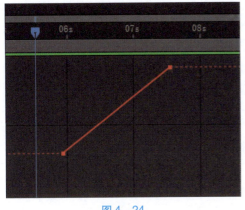

图 4 – 24

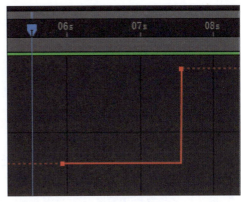

图 4 – 25

（3）此图标在选择"自动贝塞尔曲线"设置时变化，可以影响关键帧的出、入速度，效果平滑不突兀。

（4）此图标在选择"连续贝塞尔曲线"设置时变化，出入速度变为平滑出入，以贝塞尔方式加以表现。

（5）当入点设置为"线性"，出点设置为"贝塞尔曲线"时，会产生此图标，图表编辑器如图 4 – 26 所示。

2. 空间关键帧

空间关键帧，改变此关键帧会影响路径的形状，从而改变两关键帧之间的运动方式，当路径显示不同时，运动方式也会有些许不同。如图 4 – 27 所示，当路径为此形状时，动画效果为：入点慢，加快，到中间点减速，出点之前减慢，直至结束。

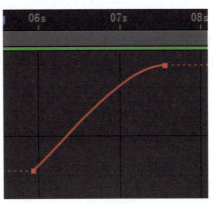

图 4 – 26

各图标所表示的差值方式详解：

（1）关键帧之间为直线匀速运动。

（2）关键帧之间为光滑的曲线运动。

（3）为素材添加"位置"关键帧时，形成的关键帧即为此按钮所表达的差值方式。

（4）可以自由调节前后两边的手柄，使运动路径完全按照自己想要的方式进行运动。

（5）运动位置突变，即位置突然变化，如运动到某位置直接消失，在下一个关键帧处出现。

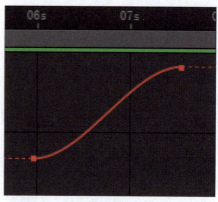

图 4 –27

4.2　图表编辑器

本节知识导引见表 4 –2。

表 4 –2

	分类	内容	重要程度
图表编辑器	"图表编辑器"功能介绍及方法	了解"图标编辑器"的参数及实际剪辑中此编辑器的使用方法	★★
	变速剪辑的应用	在相应剪辑案例中了解变速剪辑的命令及表现方法	★★

4.2.1　课堂案例——运动变速

素材位置：实例文件\CH04\课堂案例——运动变速\（素材）

实例位置：实例文件\CH04\课堂案例——运动变速 . aep

案例描述：将一段运动素材剪辑制作为一段变速素材，此类型案例充分应用在各个电影、电视剧、网剧等视频中。本案例灵活应用各属性关键帧，从而达到想要的"变速效果"。制作效果如图 4 –28 所示。

难易指数：★★★★☆

任务实施：

运动素材

课堂案例——
运动变速录屏

步骤 01：启动 After Effects 2022，导入学习资源中的"实例文件\CH04\课堂案例——运动变速 . aep"文件，接着在"项目"面板中双击"轮滑运动"加载该合成，如图 4 –29 所示。

步骤 02：选择"运动素材"素材，在上方"图层"下拉菜单中的"时间"选项中选择"时间重映射"，此时可以看到视频素材在开始和结尾处分别生成了两个关键帧，即视频的入点关键帧及出点关键帧，如图 4 –30 所示。

图 4 - 28

图 4 - 29

图 4 - 30

技巧小贴士：

在让视频变慢时，如果帧速率低于 15 帧/秒，掉帧现象就会变得极其明显，因为摄像机每秒捕捉的画面数量是有限的，而这时帧与帧之间的许多信息都缺失了。可以尝试通过"帧混合"选项或者利用插件 Twixtor 来进行帧与帧之间缺失信息的补充。

步骤 03：在视频的第 15 秒处以及第 30 秒处添加关键帧，即先将时间轴移动到对应时间上，单击"时间重映射"前方菱形按钮即可在相应位置添加关键帧，如图 4 - 31 所示。

图 4 - 31

步骤 04：在工作区选择第 15 秒位置的关键帧，也就是第 2 个关键帧，将次关键帧通过鼠标拖动的方式向左移动至第 15 秒处，这样视频入点位置到此关键帧的区间就被加速了。同理，将第 30 秒位置的关键帧也就是第 3 个关键帧移动至第 40 秒处，这样后 5 秒的视频也被加快了。具体如图 4－32 所示。

图 4－32

步骤 05：按住鼠标左键后框选 4 个关键帧，打开时间轴左上角左侧的"图标编辑器"按钮，会看到由 4 个时间轴组成的三段直线。通过前面理论得知此时区间都为匀速运动。为了使素材前后更加平滑，选择中间两个关键帧，然后右击，执行"关键帧插值"→"临时插值"→"贝塞尔曲线"命令，出现可以调整的手柄，调整为期望的速度表现形式，如图 4－33 所示。

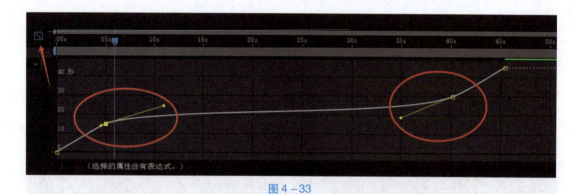

图 4－33

步骤 06：回到"时间轴"面板，按快捷键 Ctrl＋M 渲染并输出动画。最终效果如图 4－34 所示。

图 4－34

4.2.2 "图标编辑器"功能介绍

当对素材设置关键帧之后，无论是什么属性的关键帧，都可以在图标编辑器中调整相应关键帧的数值和类型。

首先在工程文件中选择已应用关键帧的素材，单击时间轴中左上角左侧的"图标编辑器"按钮，即可打开图标编辑器。

"图标编辑器中"各按钮详解如下。

：可选择具体显示在图标编辑器中的属性。单击下拉按钮后弹出菜单，共有 3 个选项，分别为显示选择的属性、显示动画属性、显示图表编辑器集。

：选择此功能后，会在框选多个关键帧时，在所选关键帧位置内生成一个编辑框。

：功能为"对齐"，选择此功能之后，在进行关键帧相关操作，比如移动等时，可自动对齐。

：为同类型的图表编辑器视图调整工具，实际功能为"自动缩放图表高度""使选择适于查看""使所有图表适于查看"，可在个人习惯下自行选择激活与否。

：此功能为"单独尺寸"，图标上显示 X、Y、Z 三维字母，在调节位置类型的关键帧动画曲线时，激活此功能可以分别调节"X 轴""Y 轴""Z 轴"各个维度的动画曲线，使动画更加自然。

：编辑选定的关键帧，效果与上文提到的右击某关键帧时所弹出的菜单功能相同，只是位置不同。

：可改变关键帧差值的设置，分别为"定格""线性""自动贝塞尔曲线"，与上文提到的右击关键帧所弹出的"编辑值"些许功能相同，类似于快捷按钮。

：分别为"缓动""缓入""缓出"按钮，可为选中的关键帧添加手柄，使其可自由调节。

4.2.3　变速剪辑

在 After Effects 中，为了方便用户进行变速剪辑，在上方"图层"→"时间"菜单中，提供了 6 个方便对素材进行变速剪辑操作的功能菜单，如图 4-35 所示。

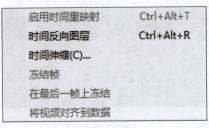

图 4-35

命令详解：

● 启用时间重映射：上文中使用过，当一段素材的前、后各添加一个关键帧时，只需操作关键帧，即可对相应素材的剪辑进行变速操作，功能强大。

● 时间反向图层：将某一段素材进行"回放"操作。

● 时间伸缩：可将素材的持续时间进行自由变化，即加速、减速。

● 冻结帧：可将某一段素材进行"定帧"，从而生成类似图片的帧素材，效果类似于某一帧的"截图"。

● 在最后一帧上冻结：功能同上，只是操作位置为素材的最后一帧。

● 将视频对齐到数据：可将选择的视频素材在某个时间点进行对齐。

4.3 嵌　　套

本节知识导引见表4–3。

表4–3

	分类	内容	重要程度
嵌套	嵌套的概念与方法	了解嵌套的具体概念，掌握嵌套的使用方法	★★
	折叠变换/连续栅格化	掌握如何使用并充分了解"折叠变换/连续栅格化"功能，从而达到良好的分层展示效果	★★

4.3.1　课堂案例——星球旋转

素材位置：实例文件\CH04\课堂案例——星球旋转\（素材）

实例位置：实例文件\CH04\课堂案例——星球旋转.aep

宇宙　　星球旋转－月亮

案例描述：本案例通过灵活运用"嵌套"指令，可将看似复杂的多维度操作变为简单的叠层操作，从而在多维度视频制作时更加快捷、简单、高效地完成。制作效果如图4–36所示。

难易指数：★★★

课堂案例——星球旋转录屏

图4–36

任务实施：

步骤01：启动After Effects 2022，在弹出的对话框中，单击左侧"新建项目"命令，进

入软件。右击"项目"栏，在弹出的菜单中选择"新建合成"，将名称改为"星球旋转"，
"宽度"为 1 920 px、"高度"为 1 080 px、"帧速率"为 30，"持续时间"为 15 秒，如图 4 –
37 所示。

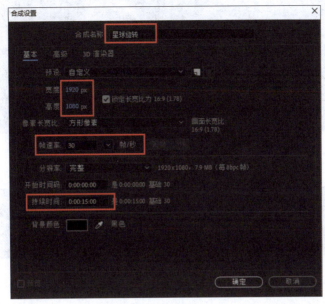

图 4 –37

步骤 02：导入学习资源中的太阳 .png、地球 .png、月亮 .png 三个文件，然后将它们拖
曳到"时间轴"面板中。单击"地球"文件，将"缩放"设置为（60.0% ,60.0%）。单击
"月亮"文件，将"缩放"设置为（21.0% ,21.0%），如图 4 –38 所示。

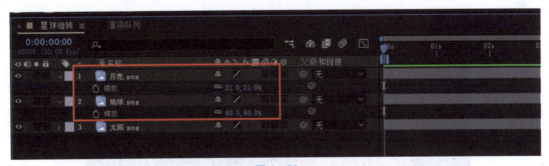

图 4 –38

步骤 03：选择"月亮"素材，单击软件上方"工具"面板中的"向后平移（锚点）工
具"图标 。此时在监视器中，"月球"上的中心会出现圆形的"锚点"，单击锚点，拖动
至"地球"的中心位置，如图 4 –39 所示。

步骤 04：为"月亮"图层的"旋转"属性设置关键帧，在第 0 秒激活关键帧按钮，在
第 10 秒处将"旋转"的属性设置为"5 × +0.0°"，如图 4 –40 所示。

步骤 05：将已导入的"太阳"素材的"缩放"属性调整为（80% ,80%），并将其放在
中间位置。

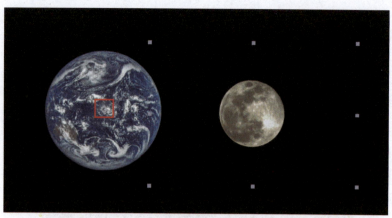

图 4 - 39

图 4 - 40

步骤06：同时将"地球"和"月亮"两个图层选中，单击"图层"下拉按钮，在下拉菜单中选择"预合成"命令，在弹出的"预合成"菜单中将名称改为"地球与月球"，单击"确定"按钮。此时预合成生成，"地球"与"月球"已暂时为一个嵌套组合，在操作命令时会同时进行。将此图层移动到右侧，并将预合成的"锚点"放在"太阳"图层的中心位置，如图4–41所示。

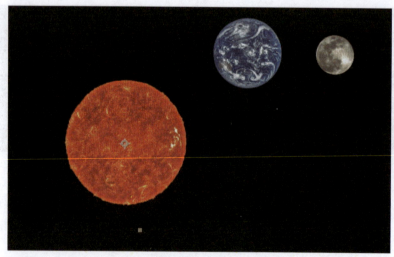

图 4 - 41

步骤07：为"木星系统"图层设置关键帧，同样，在第0秒处激活关键帧按钮，在第10秒处将"旋转"的属性设置为"5× +0.0°"。框选"太阳"以及"地球与月亮"图层，再次进行"预合成"操作，并将其命名为"星球运动"。为此"预合成"激活"缩放"关键帧，在第0秒处设置"缩放"为50%，在第10秒处设置缩放为75%，如图4-42所示。

图4-42

步骤08：在素材库中将"宇宙"素材拖入项目中，并且放在"星球运动"预合成的底层。把缩放调整为220%，并在第0秒处激活关键帧，在第10秒处将"缩放"属性设置为280%，如图4-43所示。

图4-43

步骤09：渲染并输出动画，最终效果如图4-44所示。

图4-44

4.3.2　嵌套的概念

嵌套本质上是将一个或者多个素材合称为一个整体，从而把嵌套后的素材变为一个新素材，再进行后续操作。此功能最直接的体现就是可以将一段素材拆分为多个层次去制作与调整，这样的好处是操作某一层的设置时，不会对其他图层产生影响，尤其是应对复杂场景时，更需要嵌套功能。

4.3.3 嵌套的方法

嵌套的方法主要有以下两种：

第 1 种：在"项目"面板中，可以看到目前项目里的素材，此时将任何一个素材拖动到"时间轴"面板的任意一个合成中，即可与此合成为一个嵌套。将某个或者某些素材合成为一个新的图层，并拖曳到"时间轴"面板中的另一个合成中，如图 4-45 所示。

第 2 种：将素材拖入"时间轴"面板后，框选一个或多个图层，然后单击上方的"图层"按钮，在下拉菜单中选择"预合成"，即可把选中的素材添加为同一个"预合成"，如图 4-46 所示。

图 4-45

图 4-46

在弹出的面板中会有以下属性。

• 保留"预合成"中的所有属性：选中该选项时，之前选中的图层上的所有属性都会保留在合成中。

  ● 将所有属性移动到新合成：选中该选项时，之前选中的图层上的所有属性都移入新建的合成中。

  ● 打开新合成：选中该选项时，在执行完"预合成"命令后，会打开新生成的预合成。

  具体选项如图 4-47 所示。

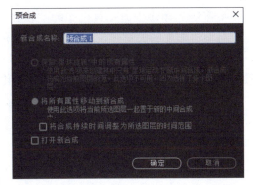

图 4-47

4.3.4　折叠变换/连续栅格化

  此功能的作用是在进行嵌套时，提高分辨率。因为如果在预合成时不开启此功能，那么对预合成进行操作时，会发现分辨率有损失，开启此功能可以使预合成后的画面变清晰。如果需要使用此功能，则在"时间轴"面板中激活对应按钮即可，如图 4-48 所示。

图 4-48

4.4　课后习题——文字扫光效果制作

  案例描述：本案例通过灵活运动"CC Light Sweep"指令，将单调的文字以光效扫过的方式突出，使文字更具观赏性。制作效果如图 4-49 所示。

  难易指数：★ ★ ★

图 4-49

  过程提示：

  步骤 01：启动 After Effects 2022，在弹出的最上层对话框中，单击左侧"新建项目"命令，进入软件，找到左侧"项目"栏，右击，在弹出的菜单中选择"新建合成"，将名称改为"扫光文字制作"，"宽度"为 1 920 px、"高度"为 1 080 px、"帧速率"为 30，"持续时间"为 15 秒。

步骤 02：单击上方工具栏中的"横排文字工具"，随意设置文字内容，对此文字层进行缩放与不透明度的关键帧设置，使其入场和出场分别为"渐显"和"渐隐"。

步骤 03：为"文字"图层添加"CC Light Sweep"效果，在"效果"面板中设置各个参数，并观察每个参数为文字带来的不同变化效果。

步骤 04：将刚刚添加的"文字"图层进行复制，为新添加的"文字"图层添加"CC Radial Blur"，并在效果面板中观察每个参数所展现的不同效果。

本章总结

影视素材最初的制作完毕后，都是以单一片段的形式独立存在的。每个片段经过特效处理、剪接、合成等多种工作后才能称为真正的作品。After Effects 作为一款专业影视后期合成的软件，不单单包含素材的剪辑和拼接，大量动画效果的制作才是其工作的核心。

可以说懂得 After Effects 动画及特效的制作流程，以及关键帧动画的调整方法和技巧，是学会 After Effects 的重要环节。使用者能够为特效参数设定相应的关键帧动画，进而营造起更为丰富的视觉效果。

总而言之，随着后期编辑处理软件及数字视频技术的不断发展，After Effects 不仅能够减轻以往比较沉重的后期处理工作负担，缩短制作编辑流程，而且更大程度上拓宽了特效、特技、动画的编辑方法。

第5章

图层混合模式与蒙版

本章导读

　　为了使素材有更好的混合表现，After Effects 提供了非常多作用于图层的混合模式，其用途为定义当前图层与底图层的作用模式，从而使各个图层有着更好的表现形式。如果当前素材不含 Alpha 通道，为了使素材通过透明通道等方式与其他图层混合，此时可以通过蒙版来建立此素材的透明区域。通过充分了解并熟练掌握本章内容，可进行各个方面的素材制作。

学习目标

　　知识目标：了解图层混合模式的种类，并掌握每种不同的混合模式所展示出的效果；了解蒙版的基本概念，并掌握其应用方法。

　　能力目标：能使用图层混合模式改变素材的整体外观，以及应用蒙版进行动画或特效的制作。

　　素养目标：了解过后，可与同学互相交流学习，并养成积极向上、虚心学习的学习习惯。

5.1　图层混合模式

　　在 After Effects 2022 中，提供了非常多不同的图层混合模式。在多个素材进行叠加时，调节其中单个或者多个图层混合模式，所带来的效果往往大相径庭。其广泛应用于各种动画及特效制作中。

　　本节知识思维导引见表 5-1。

表 5-1

	分类	内容	重要性
图层混合模式	图层混合模式的概念	图层混合模式的概念	★★★★
	图层混合模式的应用方法	如何使用图层混合模式	★★★★
	图层混合模式的种类与实际效果	图层混合模式的各类型以及每个类型下的具体命令	★★★★★

5.1.1　课堂案例——海边夕阳

素材位置：实例文件\CH05\课堂案例——混合模式\（素材）
实例位置：实例文件\CH05\课堂案例——混合模式 . aep

混合模式　　　混合模式 -　　　课堂案例——混合　　　课堂案例——混合
录屏　　　　　素材 - 绿化带　　　模式光晕素材 1　　　模式光晕素材 2

案例描述：为了使素材表现出不同的色调，往往可以通过使用图层混合模式，直截了当
地将多层不同素材进行混合，从而改变原有素材的呈现方式。制作效果如图 5 - 1 所示。

难易指数：★

图 5 - 1

任务实施：

步骤 01：启动 After Effects 2022，导入学习
资源中的"实例文件\CH05\课堂案例——混合模
式 . aep"文件，然后在"项目"面板中双击"绿
化带"合成选项加载该合成，如图 5 - 2 所示。

步骤 02：将"项目"面板中的"光晕 1"与
"光晕 2"素材拖入"时间轴"面板中，并确保
它在"绿化带"图层的上方，如图 5 - 3 所示。

图 5 - 2

图 5 - 3

步骤 03：首先将"光晕 1"与"光晕 2"两个图层的混合模式变为"变亮"，选择"光
晕 1"图层，将其拖曳到画面的右上角，将"光晕 2"图层"旋转"27°，叠放在画面的右
上角，如图 5 - 4 所示。

步骤 04：把鼠标移动到"时间轴"面板中的空白区域，右击，新建一个纯色层，图层
的颜色代码"FF9C00"，创建好后放在最上层。把纯色层的"不透明度"属性调整为 25%，
并将其"混合模式"变为"相乘"，如图 5 - 5 所示。

图 5-4

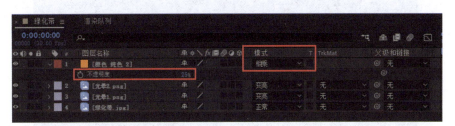

图 5-5

步骤05：渲染并输出动画，观察最终效果与原图的差别。

5.1.2　显示或隐藏图层的混合模式选项

作为初学者来说，首先要了解如何显示混合模式选项，而在 After Effects 中，便为此功能设置了3种显示和隐藏的方法。

第1种方法：在"时间轴"面板的上方有一个类型名称显示区域（图5-6），在此区域的空白处右击，在弹出的菜单中选择"列数"→"模式"命令，此时在原有的类型显示区域将出现"模式"类型，此为第1种显示混合模式选项的方法，如图5-7所示。

图 5-6

第2种方法：在"时间轴"面板中，最下方有一个可单击的按钮，为"切换开关/模式"按钮，单击此按钮，可将"混合模式"选项显示或隐藏，如图5-8所示。

第3种方法：选中"时间轴"面板，按F4键可以直接显示或隐藏"混合模式"选项，如图5-9所示。

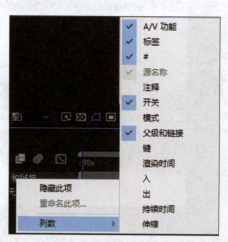

图 5 −7

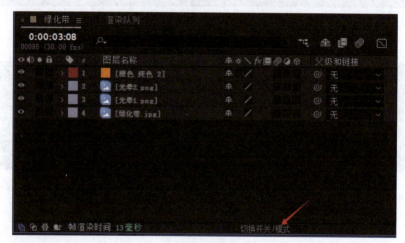

图 5 −8

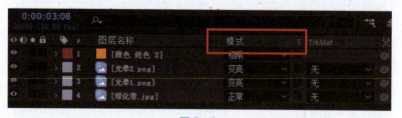

图 5 −9

　　混合模式选项众多，那么它们的效果如何呢？下面用两层素材来详细讲解图层的各种混合模式，图 5 – 10 为底图层素材；图 5 – 11 为当前图层素材，也就是用来叠加图层的源素材。

图 5 - 10

图 5 - 11

5.1.3　"正常"类别

混合模式中的"正常"类别主要包括"正常""溶解""动态抖动溶解" 3 种混合模式。在无透明度影响的前提下，这种类型的混合模式产生的最终效果的颜色不会受底图层像素颜色的影响。

1. "正常"模式

"正常"模式是 After Effects 的默认模式，当图层的不透明度为 100% 时，合成将根据 Alpha 通道正常显示当前图层，并且效果不受下一图层的影响，如图 5 - 12 所示。但当图层的不透明度小于 100% 时，当前图层的每个像素的颜色将受到下一图层的影响。

2. "溶解"模式

当图层不透明度小于 100% 或者图层边缘有羽化效果时，"溶解"模式才起作用。"溶解"模式是指在当前图层选取部分像素，然后采用随机颗粒图案的方式用下一图层的像素来替代。需要注意的是，当前图层的不透明度越低，溶解效果越明显，当图层的"不透明度"为 90% 时，如图 5 - 13 所示；当图层的"不透明度"为 50% 时，"溶解"模式的效果如图 5 - 14 所示。

图 5 – 12

图 5 – 13

图 5 – 14

3. "动态抖动溶解" 模式

"动态抖动溶解" 模式和 "溶解" 模式的原理相似，"动态抖动溶解" 模式可以随时更新随机值，而 "溶解" 模式的颗粒是不变的。

5.1.4 "减少" 类别

"减少" 类别主要包括 "变暗" "相乘" "颜色加深" "经典颜色加深" "线性加深" "较深的颜色" 6 种混合模式。这种类型的混合模式都可以使图像的整体颜色变暗，下面介绍其中 3 种常用的混合模式。

1. "变暗" 模式

"变暗" 模式是比较当前图层和底图层二者的颜色亮度，并且保留了较暗部分的颜色。效果如图 5 – 15 所示。

图 5 –15

技巧小贴士：

　　"变暗" 模式下，全黑的图层与任何图层的变暗叠加效果都是全黑的，白色图层和任何图层的变亮叠加效果都是透明的。

2. "相乘" 模式

"相乘" 模式是一种减色模式，它将基本色与叠加色相乘，形成一种透过光线查看两张叠加在一起的胶片的效果。任何颜色与黑色相乘都将产生黑色，与白色相乘将保持不变，而与中间亮度的颜色相乘可以得到一种更暗的效果，如图 5 – 16 所示。

3. "线性加深" 模式

"线性加深" 模式是指比较基本色和叠加色的颜色信息，通过降低基本色的亮度来反映叠加色。与 "相乘" 模式相比，"线性加深" 模式可以产生一种更暗的效果，如图 5 – 17 所示。

图 5－16

图 5－17

5.1.5 "添加"类别

"添加"类别主要包括"相加""变亮""屏幕""颜色减淡""经典颜色减淡""线性减淡""较浅的颜色"7 种混合模式。这种类型的混合模式都可以使图像的整体颜色变亮，下面介绍其中 5 种常用的混合模式。

1."相加"模式

"相加"模式是将上、下层对应的像素进行加法运算，从而使画面变亮，如图 5－18所示。

图 5－18

技巧小贴士：

　　如果需要将火焰、烟雾等素材合成到某个场景中，将该素材图层的混合模式调整为"相加"模式，这样可以直接去掉黑色背景，使二者的融合更真实，如图 5－19 所示。

图 5－19

2.　"变亮"模式

　　"变亮"模式与"变暗"模式相反，它可以查看每个通道中的颜色信息，并选择基色和相加色中较亮的颜色作为结果色（比叠加色暗的像素将被替换掉，而比叠加色亮的像素则保持不变），如图 5－20 所示。

3.　"屏幕"模式

　　"屏幕"模式是一种加色混合模式，与"相乘"模式相反。它可以将叠加色的互补色与基本色相乘，从而得到一种更亮的效果，如图 5－21 所示。

图 5 – 20

图 5 – 21

4."线性减淡"模式

"线性减淡"模式可以查看每个通道的颜色信息，并通过增加亮度来使基色变亮，以反映叠加色（如果与黑色叠加，则不发生变化），如图 5 – 22 所示。

5."较浅的颜色"模式

"较浅的颜色"模式与"变亮"模式相似，略有区别的是，该模式不对单独的颜色通道起作用。

> **技巧小贴士：**
> 在"添加"类别中，"相加"模式和"屏幕"模式是使用频率较高的图层混合模式。

5.1.6 "复杂"类别

在使用这种类型的图层混合模式时，需要比较当前图层的颜色和底图层的颜色亮度是否

图 5－22

低于 50% 的灰度，然后根据不同的图层混合模式创建不同的混合效果。下面介绍其中 5 种常用的混合模式。

1. "叠加" 模式

"叠加" 模式可以增强图像颜色的对比度，并保留底图层图像的高光和暗调，如图 5－23 所示。"叠加" 模式对中间色调的影响比较明显，但对高光区域和暗调区域的影响不大。

图 5－23

2. "柔光" 模式

"柔光" 模式可以使颜色变亮或变暗，这种效果与发散的聚光灯照在图像上的效果很相似，当然，具体的效果会由于叠加色的不同而产生较大差异，如图 5－24 所示。

3. "强光" 模式

使用 "强光" 模式时，图层中的像素亮度高于 50% 灰度，图像会变亮，反之，会使图像变暗，如图 5 - 25 所示。

图 5 - 24

图 5 - 25

4. "线性光" 模式

"线性光" 模式可以通过减小或增大亮度来加深或减淡颜色，其具体效果取决于叠加色，如图 5 - 26 所示。

5. "亮光" 模式

"亮光" 模式可以通过增大或减小对比度来加深或减淡颜色，其具体效果取决于叠加色，如图 5 - 27 所示。

5.1.7 "差异" 类别

"差异" 类别主要包括 "差值" "经典差值" "排除" "相减" "排除" 5 种混合模式。这种类型的混合模式都是基于当前图层和底图层的颜色值来产生差异效果的。下面介绍其中

图 5 – 26

图 5 – 27

3 种常用的混合模式。

1. "差值"模式

"差值"模式可以从基色中减去叠加色或从叠加色中减去基色，其具体效果取决于哪个颜色的亮度值更高，如图 5 – 28 所示。

2. "经典差值"模式

"经典差值"模式可以从基色中减去叠加色或从叠加色中减去基色，其效果要优于"差值"模式。

3. "排除"模式

"排除"模式与"差值"模式相似，但是该模式可以产生对比度更低的叠加效果，如图 5 – 29 所示。

图 5 −28

图 5 −29

5.1.8　HSL 类别

　　HSL（色相、饱和度、亮度）类别主要包括"色相""饱和度""颜色""发光度" 4 种混合模式。这种类型的混合模式会改变底图层颜色的一个或多个色相、饱和度和明度值。

1. "色相"模式

　　"色相"模式可以将当前图层的色相应用到底图层图像的亮度和饱和度中，可以改变底图层图像的色相，但不会影响其亮度和饱和度。对于黑色、白色和灰色区域，该模式不起作用，如图 5 −30 所示。

2. "饱和度"模式

　　"饱和度"模式可以将当前图层的饱和度应用到底图层图像的亮度和色相中，可以改变底图层图像的饱和度，但不会影响其亮度和色相，如图 5 −31 所示。

图 5 - 30

图 5 - 31

3. "颜色" 模式

"颜色" 模式可以将当前图层的色相与饱和度应用到底图层图像中，且保持底图层图像的亮度不变，如图 5 - 32 所示。

4. "发光度" 模式

"发光度" 模式可以将当前图层的亮度应用到底图层图像的颜色中，可以改变底图层图像的亮度，但不会对其色相与饱和度产生影响，如图 5 - 33 所示。

5.1.9   "遮罩" 类别

"遮罩" 类别主要包括 "模板 Alpha" "模板亮度" "轮廓 Alpha" "轮廓亮度" 4 种混合模式，这种类型的混合模式可以将当前图层转化为底图层的一个遮罩。

1. "模板 Alpha" 模式

"模板 Alpha" 模式可以穿过蒙版图层的 Alpha 通道来显示多个图层，如图 5 - 34 所示。

图 5 - 32

图 5 - 33

图 5 - 34

2. "模板亮度"模式

"模板亮度"模式可以穿过蒙版图层的像素亮度来显示下个图层，如图 5 – 35 所示。

图 5 – 35

3. "轮廓 Alpha"模式

"轮廓 Alpha"模式可以通过当前图层的 Alpha 通道来影响底图层图像，使受影响的区域被剪切掉，如图 5 – 36 所示。

图 5 – 36

4. "轮廓亮度"模式

"轮廓亮度"模式可以通过当前图层上的像素亮度来影响底图层图像，使受影响的像素被部分剪切或被全部剪切掉，如图 5 – 37 所示。

图 5 – 37

5.2 蒙 版

在使用 After Effects 时，经常需要将素材进行修改以方便合成，但是往往素材并不能达到想要的效果，或者本身不具备 Alpha 通道信息，此时便会用到一个极为常用的功能——蒙版。

本节知识导引见表 5 – 2。

表 5 – 2

	分类	内容	重要性
蒙版	蒙版的概念	蒙版的概念	★★★★
	蒙版功能的应用	掌握如何创建及修改蒙版并应用在素材中	★★★★★
	蒙版的属性	了解并掌握蒙版的属性	★★★★★
	蒙版的动画	掌握制作蒙版动画的方法	★★★★★

5.2.1 课堂案例——遮罩动画

素材位置： 实例文件\CH05\课堂案例——遮罩动画\（素材）

实例位置： 实例文件\CH05\课堂案例——遮罩动画 . aep

案例描述： 遮罩动画在 After Effects 中应用得非常广泛，在各种特效和动画的制作过程中几乎都会用到遮罩动画，使最终的效果更加具有动感，使用频率也非常高。本案例中将使用蒙版功能使素材以一种非常艺术的方式呈现，制作效果如图 5 – 38 所示。

难易指数： ★★★★★

任务实施：

步骤 01：启动 After Effects 2022，导入学习资源中的"实例文件\CH05\课堂案例——遮

遮罩动画 – 猫咪素材

课堂案例——
遮罩动画录屏

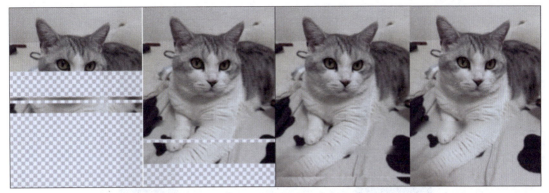

图 5-38

罩动画.aep"文件，在"项目"面板中双击"猫咪"加载该合成，如图 5-39 所示。

　　步骤 02：在"时间轴"面板中选中"猫咪"图层，然后在上方工具栏中选择"矩形工具"，在监视器范围内按住鼠标左键并拖动绘制蒙版，具体大小如图 5-40 所示。将时间轴放在第 4 秒处，然后选择图层中此蒙版的"蒙版路径"属性，设置关键帧属性。将时间轴放回第 0 帧处，在监视器中框选蒙版下方两个点，将鼠标指针放在如图 5-41 所示的位置，最后框选关键帧，按快捷键 F9 把它们的插值变为贝塞尔曲线，如图 5-42 所示。

图 5-39

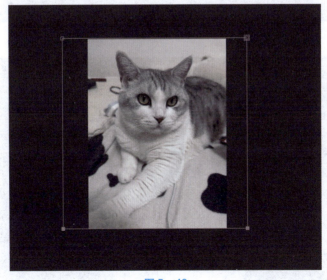

图 5-40

　　这里有一点需要注意：在为蒙版设置路径动画时，每个顶点是可以单独移动的，想要移动哪几个点，只需要选中这几个点进行移动即可。选中后的顶点图标也会有些许差别，如图 5-43 所示。

图 5 - 41

图 5 - 42

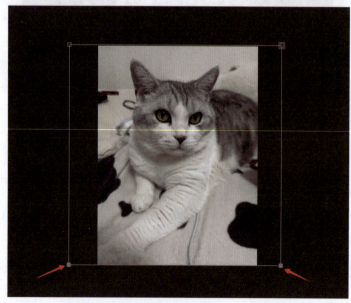

图 5 - 43

步骤 03：回到"项目"面板中，再次将"猫咪.jpg"素材拖曳到"时间轴"面板中，并让它位于最上方，并且右击，重命名为"猫咪 2"，然后在第 5 秒处再次绘制矩形蒙版，如图 5-44 所示，并设置"蒙版路径"属性的动画关键帧。将时间轴放回第 0 帧处，在监视器中框选蒙版四个点，将鼠标指针放在图 5-45 所示的位置，最后框选关键帧，按快捷键 F9 把它们的插值变为贝塞尔曲线。

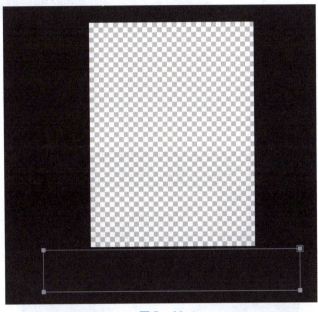

图 5-44

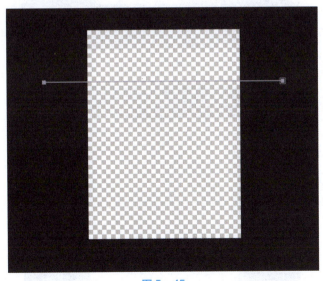

图 5-45

步骤 04：选中上一步中的图层，将其"缩放"设置为（115.0%，115.0%），然后在效果中搜索"色调"效果，选择在"颜色校正"下的"色调"效果，拖动到此层上，并把

"着色数量"设置为 50.0%，如图
5－46 所示。

步骤 05：继续选中上一步中
的图层，按快捷键 Ctrl＋D 将其复
制一份，删掉复制出来的图层里的
所有属性，包括加上的蒙版以及效
果，放在"时间轴"面板的最顶
层。在第 6 秒第 15 帧处绘制两个

图 5－46

蒙版，如图 5－47 所示，并将两个蒙版都放在此位置。设置动画关键帧，接着回到第 0 帧处
设置蒙版位置，如图 5－48 所示，按快捷键 F9 把这些关键帧的插值变为贝塞尔曲线。最后
将较小蒙版的混合模式设置为"相减"（注意，这里是蒙版的混合模式，不是图层的混合模
式），并把它的后一个关键帧移动到第 7 秒处，如图 5－49 所示。

图 5－47

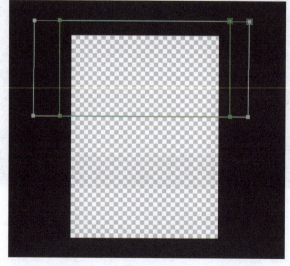

图 5－48

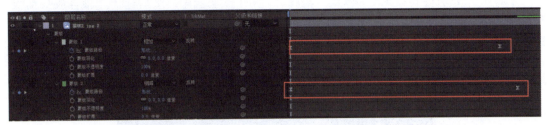

图 5 –49

步骤 06：在此将上一步中的图层按快捷键 Ctrl + D 复制一层，重命名为"猫咪 3"并置于"时间轴"面板中的最顶层，同时将大小两个蒙版的第 0 帧的关键帧删除。

把大蒙版剩下的关键帧移动到第 9 秒第 15 帧处，把小蒙版的关键帧移动到第 10 秒处，并在第 4 秒处再次为两个关键帧设置路径动画，按快捷键 F9 把这些关键帧的插值变为贝塞尔曲线，如图 5 –50 和图 5 –51 所示。

图 5 –50

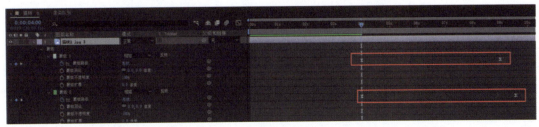

图 5 –51

步骤07：分别将"猫咪2"以及"猫咪3"两个图层选中，然后选择"预合成"命令，并且保留所有属性。在分别设置完后，为两个预合成内部的"猫咪"素材添加"快速方框模糊"效果，将模糊半径设置为18，勾选"重复边缘像素"选项，如图5-52所示。

图5-52

步骤08：新建一个纯色层，颜色代码为"9CC1F8"，并将其不透明度设置为25%，混合模式改为"变暗"，如图5-53所示。

图5-53

步骤09：渲染并输出动画，最终效果如图5-54所示。

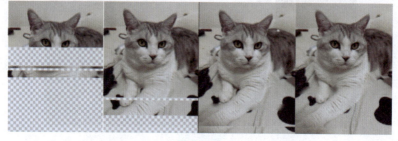

图5-54

5.2.2　蒙版的概念

在 After Effects 中，蒙版其实就是一条曲线轮廓。如果此曲线最终不闭合，那么最后呈现的只是一条路径，并且不能用于其他用途，如图5-55所示。如果最终曲线为一条闭合曲线，那么轮廓内外的不透明区域可以随意改变，如果不是闭合曲线，那么就只能作为路径使用，如图5-56所示。

图 5－55

图 5－56

5.2.3　蒙版的创建

在 After Effects 中，蒙版不仅可以使用图形工具，在软件中还提供了 3 种常用的创建蒙版的方式。

◆　使用形状工具创建

此方法为最简单方便的创建蒙版方法。

首先选中需要添加蒙版的素材，单击最上方工具栏的  图标即可创建对应的图形遮罩，如果单击此图标下拉按钮，还可以在下拉菜单中找到更多的形状，如图 5－57 所示。此时选择任何一种工具之后，在监视器中按住鼠标左键拖动，便可创建相应形状的遮罩，如图 5－58 所示。

图 5－57

图 5－58

技巧小贴士：

在创建对应图形的蒙版时，如果按住 Ctrl 键 + 鼠标左键拖动，那么创建出的形状将为"标准图形"，比如矩形工具按照此操作创建的图形为正方形，椭圆工具按照此操作创建出的便是一个标准的正圆形。

◆ 使用"钢笔工具"创建

在上方的"工具"面板中找到 按钮，选中后便可以创建出任何形状的蒙版，并且按住"钢笔工具"后，在弹出的菜单中可以选择其他相应的钢笔工具，如图 5 – 59 所示。需要注意的是，用"钢笔工具"创建蒙版时，最后必须使蒙版处于闭合的状态才会生效。

使用此工具绘制蒙版，只需要先选择钢笔工具，在监视器中任意位置设置"起始点"，遵循"点点成线"的原则绘制自己想要的任何线条，最后再次和起始点重合，即可创建出由贝塞尔曲线形成的任意形状的蒙版，如图 5 – 60 所示。

图 5 – 59

图 5 – 60

技巧小贴士：

在使用"钢笔工具"时，如果发现错误或者想要对线条形状进行更改，那么就可以用"钢笔工具"下拉菜单中的"添加顶点"和"删除顶点"工具。

如果需要对线条弯曲程度进行控制，可以使用"转换顶点"工具；如果对蒙版有羽化要求，也可以使用"蒙版羽化"工具。

◆ 使用自动追踪命令创建

对于一些特定的素材，如果想要对某个特定的部分生成蒙版，也可以单击上方的"图层"按钮，在下拉菜单中选择"自动追踪"命令，将会打开"自动追踪"对话框，如图 5 – 61 所示，可以根据图层的 Alpha、红、绿、蓝通道和亮度信息自动生成路径蒙版，如图 5 – 62 所示。

图 5 - 61

图 5 - 62

参数详解：

● 时间跨度：选择当前帧，将只对时间轴对应的一帧进行自动追踪；选择工作区，将对整段素材进行自动追踪。

● 选项：

通道：可以选择主要属性的通道；

反向：勾选后，将翻转蒙版的方向；

模糊：可以使产生的蒙版更加平滑；

最小区域：可以设置自动蒙版的最小区域；

阈值：透明区域分界线，如果超过设定值，则为不透明区域，反之，为透明区域；

圆角值：决定蒙版的圆滑程度；

应用到新图层：勾选后，会保存在一个新建的固态层上；

预览：勾选后，则会先生成预览。

5.2.4　蒙版的属性

当为一段素材添加了蒙版后，在"时间轴"面板中选中此素材，连续按两次 M 键，可以展开蒙版的所有属性，如图 5 - 63 所示。

图 5 - 63

参数详解：

● 蒙版路径：设置蒙版的路径范围和形状，上文中也使用过此命令制作了关键帧动画。

- 反转：将已设置好的蒙版路径范围进行反向，如图 5-64 所示。
- 蒙版羽化：可以使蒙版边缘呈现羽化效果，也就是渐隐效果，使其和底层过渡更加柔和，如图 5-65 所示。

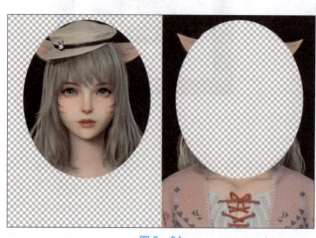

图 5-64

图 5-65

- 蒙版不透明度：设置蒙版所影响区域的不透明度。图 5-66 所示的是 100% 透明度以及 50% 透明度的效果。
- 蒙版扩展：在原有蒙版的基础上使蒙版的范围放大或者缩小，如图 5-67 所示。

图 5-66

图 5-67

5.2.5 蒙版的混合模式

在 After Effects 中使用蒙版时，如果一个图层有 2 个、3 个甚至多个蒙版，便可通过"混合模式"使蒙版呈现不同的效果，如图 5-68 所示。另外，蒙版的排列顺序也和素材的层次相似，都是从上到下进行排列的，在设置混合模式时要考虑到这一点。

图 5 -68

参数详解：

- 无：当混合模式为"无"时，此蒙版将变为路径，而不是蒙版，如图 5 -69 所示。
- 相加：将目前所有蒙版的所有选定区域进行相加，如图 5 -70 所示。

图 5 -69

图 5 -70

- 相减：将目前所有蒙版的所有选定区域进行相减，如图 5 -71 所示。
- 交集：此模式只会显示目前存在的蒙版所重合的部分，其他位置不显示，如图 5 -72 所示。

图 5 -71

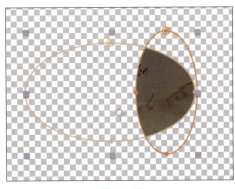

图 5 -72

● 变亮：此模式与"相加"模式类似，但是对于蒙版重叠处的不透明度，则采用较高的不透明度，如图 5-73 所示。

● 变暗：与"变亮"作用的本质相反，如图 5-74 所示。

图 5-73

图 5-74

● 差值：此模式会将所有已生效蒙版的相交位置隐去，其本质与"交集"相反，如图 5-75 所示。

5.2.6　蒙版的动画

顾名思义，就是使蒙版以动画效果呈现。实际操作中，本质上就是设置"蒙版路径"的关键帧，使蒙版形成对应的关键帧动画。

图 5-75

5.3　轨道遮罩

在 After Effects 中，与前文所提到的通道不同，轨道遮罩是一种特殊的蒙版类型。它本质上可以将一个图层添加的 Alpha 通道信息或亮度信息与另一个图层进行呼应，从而配合完成镜头的制作。

本节知识思维导引见表 5-3。

表 5-3

	分类	内容	重要性
轨道遮罩	轨道蒙版的使用方法	了解如何打开并使用轨道蒙版	★★★★
	"跟踪遮罩"命令的使用方法	了解如何使用菜单命令打开跟踪遮罩	★★★★

5.3.1　课堂案例——发光元素

素材位置：实例文件\CH05\课堂案例——发光图案\（素材）

发光图案录屏

发光图案
LOGO 素材

实例位置： 实例文件\CH05\课堂案例——发光图案.aep

案例描述： 跟踪遮罩广泛应用于动态素材的效果制作，熟练掌握此案例后，可发现目前很多影视剧以及特效剧中广泛存在着跟踪遮罩，本案例中通过将遮罩和跟踪遮罩进行组合，完成最终效果的制作，如图 5-76 所示。

难易指数： ★★★★

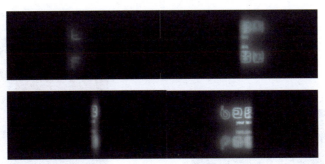

图 5-76

任务实施：

步骤 01：启动 After Effects 2022，导入学习资源中的"实例文件\CH05\课堂案例——发光图案.aep"文件，然后在"项目"面板中双击"LOGO 素材"加载该合成，如图 5-77 所示。

步骤 02：选择"LOGO 素材"图层，执行上文中提到的"自动追踪"菜单命令。在打开的"自动追踪"对话框中选择"当前帧"选项，然后设置"通道"为明亮度，圆角值为 0，接着单击"确定"按钮，如图 5-78 所示。

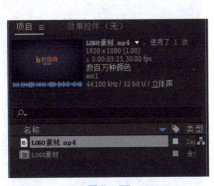

图 5-77

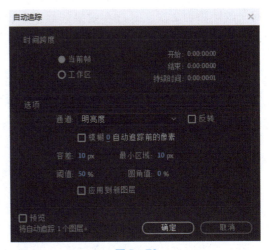

图 5-78

步骤 03：选择"LOGO 素材"图层，在效果栏中搜索"描边"命令，并将其添加到图层上，勾选"所有蒙版"选项，将"颜色"设为代码为"65D3CA"的颜色，将"画笔大小"设为 1，"画笔硬度"设置为 75%，"结束"设为 0.0%，并在第 0 帧处为其设置关键帧动画，接着在第 2 秒第 20 帧将"结束"设为 100.0%，最后将"绘画样式"改为"在透明背景上"，如图 5－79 所示。

　　步骤 04：继续选择"LOGO 素材"图层，搜索"快速方框模糊"效果，并添加到此图层上，调整"模糊半径"设为 1.5，"迭代"设为 2。然后搜索"发光"效果，并添加到图层上，将"发光阈值"设为 0.0%，"发光半径"设为 21.0，"发光强度"设为 0.3，其他参数不变，如图 5－80 所示。

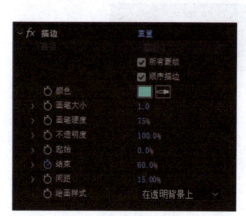

图 5－79

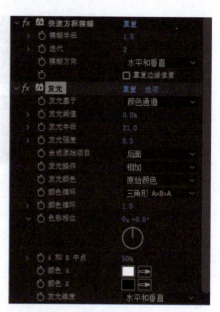

图 5－80

　　步骤 05：将上一步中的"发光"效果在相同的图层上继续添加 2 次，并放在效果的最下方，即倒数第一个和倒数第二个，将上方的"发光半径"变为 120，下方的变为 250。将此图层复制一份并置于顶层，为复制的图层添加"固态层合成"效果，将其置于"快速方框模糊"效果的下方，将"颜色"设为代码为"000000"的颜色，如图 5－81 所示。

　　步骤 06：新建一个黑色的纯色图层并将其置于上一步复制的图层的上方，并在纯色图层上面绘制 3 个遮罩，如图 5－82 示。激活 3 个遮罩的动画关键帧，设置 3 个遮罩的形状，如图 5－83 所示。接着将时间轴拖动到第 1 秒第 20 帧处，将三个颜色的遮罩设置为如图 5－84 所示，将遮罩 2 向后移动 20 帧，遮罩 3 移动 40 帧。

　　步骤 07：将前两个图层进行"预合成"，为新合成的预合成复制一份，在新复制的预合成上添加"垂直翻转"效果，并将旋转设置为 180°，混合模式改为相加，位置变为（966.0，756.0），如图 5－85 所示。

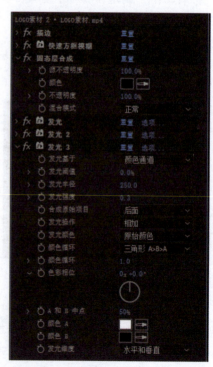

图 5－81

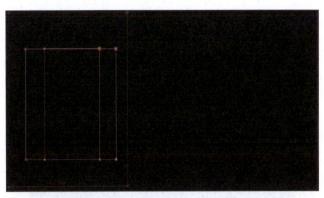

图 5 - 82

图 5 - 83

图 5 - 84

图 5 - 85

　　步骤 08：将两个预合成调换位置，新建一个调整图层，将其放在两个预合成之间，然后执行添加效果中的"复合模糊"命令，如图 5 - 86 所示。

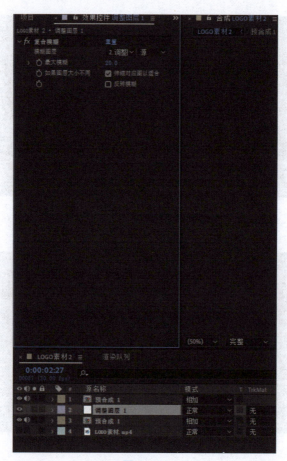

图 5－86

步骤09：渲染并输出动画，最终效果如图5－87所示。

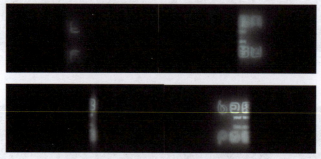

图 5－87

5.3.2 面板切换

在 After Effects 的"时间轴"面板的最下方有一个"切换开关/模式"按钮，单击后即可打开"跟踪遮罩"控制面板，如图5－88所示。

图 5 - 88

5.3.3 "跟踪遮罩"控制面板

打开"跟踪遮罩"控制面板，在上方的信息栏会出现"TrkMat"一栏，此栏中的不同的菜单命令可创建相应的跟踪遮罩，如图 5 - 89 所示。

图 5 - 89

参数详解：

- 没有轨道遮罩：图层属性不变，仍为普通图层。
- Alpha 遮罩：使最终显示图层的蒙版包含 Alpha 通道信息。
- Alpha 反转遮罩：与"Alpha 遮罩"的结果相反。
- 亮度遮罩：将使最终显示图层的蒙版包含图层的亮度信息。
- 亮度反转遮罩：与"亮度遮罩"的结果相反。

5.4 课后习题——国画水墨

素材位置： 实例文件\CH05\课后习题——独钓寒江雪（素材）
实例位置： 实例文件\CH05\课后习题——独钓寒江雪 . aep
练习目标： 练习轨道遮罩的应用，本习题最后效果如图 5 - 90 所示。

难易指数：★★

图 5 - 90

过程提示：

步骤 01：启动 After Effects 2022，导入学习资源中的"实例文件\CH05\课后习题——独钓寒江雪 . aep"文件，然后在"项目"面板中双击"国画水墨"加载该合成，接着将"背景 . mp4"和"小船 . mp4"放入合成，使用自动跟踪将小船的遮罩画出。

步骤 02：小船的遮罩描出后，运用上文中提到的"CC Light Sweep（扫光）"等效果将小船的整体轮廓以及水中倒影制作出来。

步骤 03：通过遮罩动画实现将小船由右往左移动，最终效果与背景的飘雪方向相反。

本章总结

在影视剧以及特效片的制作中，多多少少会使用绿幕等素材，此时混合模式以及遮罩的灵活应用尤为重要，工作中凡是用到 After Effects 的地方，几乎都不会离开遮罩，毕竟不是所有素材都符合制作的要求，需要大量运用遮罩使素材达到制作的要求，从而离最终成片更进一步。大部分效果制作时选择 After Effects，就是因为其拥有强大且灵活的遮罩，甚至在特别熟练后，可以使一段素材完完全全呈现出相反的视觉效果。虽然遮罩最开始只是简简单单的几条线条，但随着对 After Effects 了解越发深入，你会发现熟练地应用遮罩不仅可以省去非常多的时间和精力，而且所表现的效果也会更上一层楼。

第6章
绘画与形状

本章导读

在使用 After Effects 进行创作时，经常需要使用类似"形状"或者"图形"等元素，而自带的图形工具未必能完全满足需求。这时需要一个类似于 Photoshop 中的画笔工具，这便是本章要讲到的笔刷和形状工具。

学习目标

知识目标：了解 After Effects 中的"画笔工具""仿制图章工具""形状工具""钢笔工具"等一系列与绘画相关的应用。

能力目标：可以运用相应的绘画工具进行基本的效果制作。

素养目标：培养学习者具备出色的美学意识和艺术感，能够为项目提供创新的艺术设计。

6.1　绘画的应用

在使用 After Effects 进行创作时，有时会用到绘画工具，此时的操作每一步都可以被记录成路径，在制作后，还会实现动画的播放以及回放。甚至通过运用特定的方法，创造出其他的图案与文字，如图 6-1 和图 6-2 所示。

打开一个 After Effects 项目，在最上方的工具栏中就可以找到绘画工具，分别为"画笔工具""仿制图章工具"和"橡皮擦工具"，如图 6-3 所示。

本节知识思维导引见表 6-1。

图 6-1

图 6 -2

图 6 -3

表 6 -1

	分类	内容	重要性
绘画工具	绘画工具的组成	了解绘画工具的组成	★★★★
	绘画工具的使用方法	了解三种工具的具体使用方法	★★★★★
	"画笔工具""仿制图章工具""橡皮擦工具"实际功能	了解三种工具的功能	★★★★
	"画笔工具""仿制图章工具""橡皮擦工具"的应用	掌握在实际制作中使用绘画工具的方法	★★★★★

6.1.1　课堂案例——书法动画

素材位置：实例文件\CH06\课堂案例——水墨风文字\（素材）

实例位置：实例文件\CH06\课堂案例——水墨风文字 . aep

案例描述：初步了解绘画工具后，最先应用的便是使用"画笔工具"制作文字，在各种片头、水墨画等领域中，此功能也有着非常广泛的应用，不仅展示效果好，而且可以完全以自己想要的方式去呈现文字，是一种需要熟练掌握的工具。制作效果如图 6 -4 所示。

难易指数：★★

水墨风文字 - 素材

课堂案例——水墨风文字录屏

课堂案例——水墨风文字素材

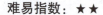

图 6 -4

任务实施：

步骤 01：启动 After Effects 2022，导入学习资源中的"实例文件 \ CH06 \ 课堂案例——水墨风文字 . aep"文件，然后在"项目"面板中双击"水墨风文字"加载该合成，如图 6 – 5 所示。

图 6 – 5

步骤 02：按住鼠标左键，将"项目"面板中的"水墨风文字 . png"文件拖到"时间轴"面板中，此时可以在监视器中看到画面中的文字。在"工具"面板中选择"画笔工具"，并在右侧弹出的"画笔"面板中设置画笔的尺寸，设置"直径"为 40 像素、"硬度"为 90% 、"间距"为 25% ，如图 6 – 6 所示。

接着在"画笔"面板旁边的"绘画"面板中设置颜色为（0.0.0），也就是黑色，如图 6 – 7 所示。

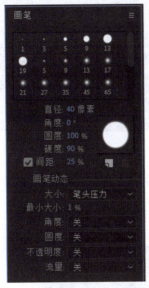

图 6 – 6

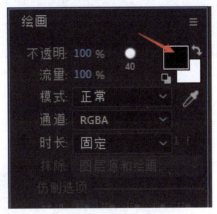

图 6 – 7

步骤 03：此时回到"时间轴"面板，双击"水墨风动画"图层，监视器会进入"图层"面板并显示文字。此时使用"画笔工具"按照笔顺一笔一画地描绘文字（不要求完全相同，大概相似即可），绘制完的效果如图 6 – 8 所示。绘制完成后，回到"效果控件"面板，并勾选其中的"在透明背景上绘画"选项。

步骤 04：此时回到"时间轴"面板中，单击图层的下拉按钮，可以看到所有的笔画，为这些笔画设置动画关键帧。在第 0 帧处，将画笔 1 中的"描边选项"里的"结束"一栏设为 0% ，激活关键帧，在第 10 帧处设置其为 100% 。

在第 10 帧处，设置画笔 2 "描边选项"下的"结束"一栏为 0% ，激活关键帧，在第 18 帧处将其设为 100% 。

在第 18 帧处，将画笔 3 "描边选项"下的"结束"一栏

图 6 – 8

设为 0%，激活关键帧，在第 1 秒第 10 帧处将其设为 100%。

在第 1 秒第 10 帧处，将画笔 4 "描边选项"下的"结束"一栏设为 0%，激活关键帧，在第 2 秒第 0 帧处将其设为 100%。

在第 2 秒第 0 帧处，将画笔 5 "描边选项"下的"结束"一栏设为 0%，激活关键帧，在第 2 秒第 12 帧处将其设为 100%。

在第 2 秒第 12 帧处，将画笔 6 "描边选项"下的"结束"一栏设为 0%，激活关键帧，在第 3 秒第 0 帧处将其设为 100%。

在第 3 秒第 0 帧处，将画笔 7 "描边选项"下的"结束"一栏设为 0%，激活关键帧，在第 3 秒第 6 帧处将其设为 100%。

然后框选所有关键帧，按快捷键 F9 将它们的插值变为贝塞尔曲线，如图 6-9 所示。

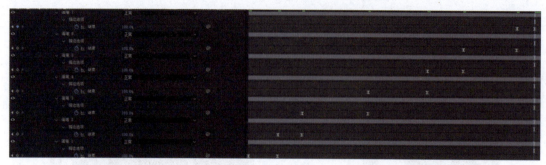

图 6-9

步骤 05：再次从"项目"面板中拖动"水墨风动画.PNG"并放入"时间轴"面板中，将其放置于之前的图层上方。然后将有笔画的下方"水墨风动画.PNG"图层的轨道遮罩设为"亮度反转"，如图 6-10 所示。

图 6-10

步骤 06：将学习资料中的"水墨风背景"文件导入"项目"面板中，如图 6-11 所示。

图 6-11

步骤 07：将"项目"面板中的"水墨背景.mp4"放入"时间轴"面板中，并且放置于最上方，并将它的混合模式设置为"相乘"，如图 6-12 所示。

图 6 – 12

步骤 08：渲染并输出动画，最终效果如图 6 – 13 所示。

图 6 – 13

6.1.2 "绘画"面板与"画笔"面板

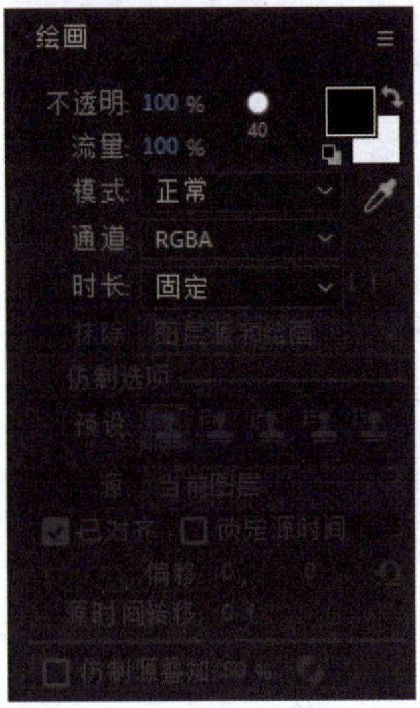

1."绘画"面板

"绘画"面板主要用来设置绘画工具的笔刷的不透明度、流量等。每种绘画工具的"绘画"面板都有一些共同性质，如图 6 – 14 所示。

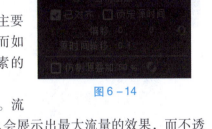

参数详解：

● 不透明度：该属性主要用来设置画笔笔刷和仿制图章工具的最大不透明度；但是如果是"橡皮擦工具"设置了不同明度，那么该属性会改变擦除图层颜色的最大量。

● 流量："画笔工具"和"仿制图章工具"的流量主要是设置笔刷的流量，数值越低，所画出来的笔画越浅；而如果是"橡皮擦工具"，那么该属性主要用来设置擦除像素的速度，速度越低，擦除效率越差。

图 6 – 14

注意：流量与不透明度看似相同，本质却大不相同。流量只是画笔初次绘画的轻易度，如果反复进行绘画，那么会展示出最大流量的效果，而不透明度则作用于整个画笔，无论如何绘画，笔画的不透明度都不会超过设置的不透明度。

● 模式：可以用来设置画笔或仿制图章的混合模式，这和图层中的混合模式作用是完全相同的。

● 通道：可以设置绘画工具影响的图层通道。如果选择 RGB 通道，那么只会影响具有 RGB 属性的区域。

● 时长：设置笔刷的持续时间，在此选项中一共有四个选项可供选择。

固定：在整个绘制过程中都显示出笔刷。

写入：在使用笔刷时，会有绘画速度的快慢，此选项可以根据手写速度再现手写动画的过程。

单帧：仅显示绘画过程中某一帧的笔刷。

自定义：自定义笔刷的持续时间。

2. "画笔" 面板

在使用绘画工具时，会看到多种不同类型不同样式的笔刷，而在进行有关工作时，选好、选对笔刷也是非常重要的。在 "画笔" 面板中，不仅可以选择已有的工具预设，还可以自由设置笔刷的各种属性，如图 6 – 15 所示。

参数详解：

● 直径：设置笔刷的直径，也就是路径的大小，单位为像素，使用不同直径的笔刷绘画会有不同的效果，如图 6 – 16 所示。

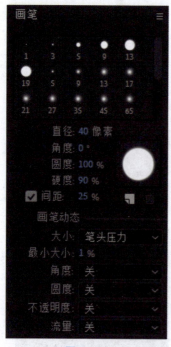

图 6 – 15

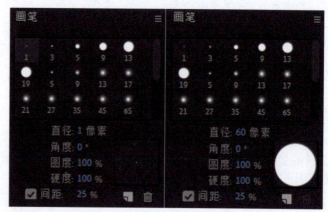

图 6 – 16

● 角度：在笔刷中，还有椭圆形的笔刷，此选项可以设置椭圆形笔刷的旋转角度。图 6 – 17 所示是不同角度笔刷的效果。

● 画度：设置笔刷长、短轴的比例。其中，圆形笔刷为 100%，线形笔刷为 0，如图 6 – 18 所示。

图 6 – 17

图 6 – 18

- 硬度：设置画笔的中心硬度。该值越小，则画笔的边缘越柔和，如图 6 – 19 所示。
- 间距：设置笔刷的间隔距离，鼠标移动速度的不同，也会影响间距，如图 6 – 20 所示。

图 6 – 19　　　　　　　　　　　　　　图 6 – 20

- 画笔动态：当使用手绘板等外部工具进行绘画时，该属性可以用来设置压笔感应。

6.1.3　画笔工具

使用"画笔工具"时，是不可以在当前监视器图层上直接进行操作的。此时可以双击图层进入当前图层的"图层"面板进行绘画操作，如图 6 – 21 所示。

图 6 – 21

使用"画笔工具"绘画的基本流程如下。

第 1 步：将素材拖放至时间轴，在"时间轴"面板中双击要进行绘画的图层，此时将会打开此图层的"图层"面板。

第 2 步：选择上方工具栏中的"画笔工具"，在设置好画笔属性后，便可在此图层进行绘画操作。然后单击"工具"面板中的"切换绘画面板"按钮，打开"绘画"面板和"画笔"面板。

第 3 步：使用"画笔工具"绘画完成后，每操作一笔，都会在图层信息中留下"笔画"属性，会在属性下拉栏中显示，如图 6 – 22 所示。

图 6 – 22

6.1.4 仿制图章工具

"仿制图章工具"也是在绘图过程中常用的工具，它可以通过取样源图层中的像素，在选中的区域以复制的方式将取样的图层应用到选中的位置。目标图层不仅可以是同一个合成内的其他图层，也可以是源图层本身。在使用"仿制图章工具"时，要先设置好"绘画"参数和"画笔"参数，之后才可以使用此工具进行绘画，在操作完成后，可以在"时间轴"面板中图层属性栏的"仿制"属性中制作动画。"仿制图章工具"的参数如图 6 - 23 所示。

图 6 - 23

参数详解：

- 预设：仿制图章的预设选项。软件提供了 5 种预设。
- 源：选择仿制操作的源图层。
- 已对齐：可以设置不同采样点仿制位置的对齐方式。选择了对齐效果，如图 6 - 24 所示。

图 6 - 24

未选择对齐效果，如图 6 - 25 所示。

图 6 - 25

- 锁定源时间：选中后，将只复制单帧画面，反之，则不复制。
- 偏移：设置取样点后具体的位置坐标。
- 源时间转移：可以改变源图层的时间偏移量。
- 仿制源叠加：可以设置源画面与目标画面在绘画时的叠加混合程度。

6.1.5　橡皮擦工具

使用"橡皮擦工具"可以擦除图层上的图像或笔刷，在绘画出现失误时广泛应用。另外，还可以选择是擦除全局的素材还是仅擦除当前的笔刷。还可以在"绘画"面板中设置擦除图像的模式，如图 6 - 26 所示。

参数详解：

● 图层源和绘画：擦除源图层中也就是目前操作图层的像素和绘画笔刷效果。

● 仅绘画：仅擦除此图层中添加的绘画笔刷效果。

● 仅最后描边：仅擦除上一次操作的绘画笔刷效果。

图 6 - 26

6.2　形状的应用

在使用 After Effects 的过程中，使用形状工具可以快速、简便地绘制出矢量图形，并且还可以为这些形状制作动画效果。After Effects 2022 中，形状工具还获得了升级与优化。尤其可以在形状属性组中看到颜料属性和路径变形属性。

本节知识思维导引见表 6 - 2。

表 6 - 2

	分类	内容	重要程度
形状的应用	形状的概述	形状的概述	★★★★
	形状工具	形状工具的分类和使用方法	★★★★★
	钢笔工具	使用钢笔工具进行效果制作	★★★★★
	创建文字轮廓形状图层	介绍了创建文件轮廓形状图层的方法	★★★★★
	形状属性	了解形状的基本属性	★★

6.2.1　课堂案例——植物生长

素材位置：实例文件\CH06\课堂案例——植物生长\（素材）

实例位置：实例文件\CH06\课堂案例——植物生长 . aep

难易指数：★ ★ ☆ ☆ ☆

课堂案例——植物生长录屏

案例描述：本案例旨在了解各种形状工具的分类和概念，并且使用相应的工具进行案例的制作，在很多文字以及图形上有着非常多样的运用。制作的效果如图 6 - 27 所示。

难易指数：★ ★

任务实施：

步骤 01：步骤启动 After Effects 2022，导入学习资源中的"实例文件\CH06\课堂案例——植物生长 . aep"文件，然后在"项目"面板中双击"植物生长"加载该合成，如图 6 - 28 所示。

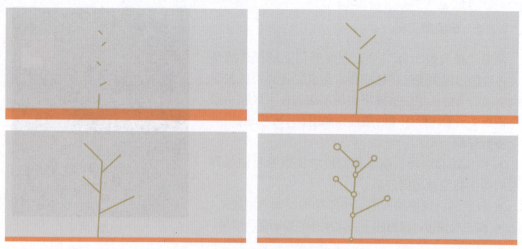

图 6 -27

步骤 02：加载完成后，不要选中任何图层，直接选择"钢笔工具"，将"填充"设置为"无"，"描边"设置为（195，156.0），"描边宽度"设置为 5 像素，绘制出如图 6 -29 所示的植物枝干。绘制时，每一笔之前，都要选中该形状图层，这样绘制出的每一根线条都会在同一个图层上，可以防止莫名产生多个图层，以免影响后续操作。

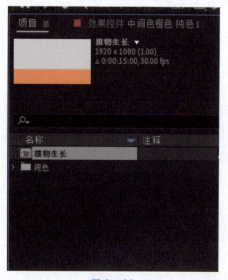

图 6 -28

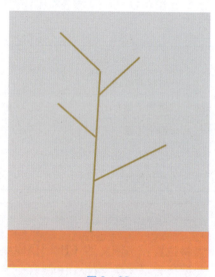

图 6 -29

步骤 03：在绘制完成后，"时间轴"面板中会多出一个形状图层，为其添加"修剪路径"属性，如图 6 -30 所示。

在第 0 帧处为此图层新添加的"修剪路径"属性添加关键帧，并将"修剪路径"中的"开始"设置为 0%。接着在第 2 秒处设置"结束"为 100%。按快捷键 F9 把后一个关键帧的插值变为贝塞尔曲线。

步骤 04：依旧不要选中任何图层，选择"椭圆工具"绘制图 6 -31 所示的 9 个圆圈。绘制之前，将"填充"颜色设置为（218，218，218），"描边"颜色设置为（195，156.0），

图 6－30

"描边宽度"设置为 5 像素。

　　步骤 05：打开刚才绘画圆形时新生成的形状图层，打开图层的下拉属性面板后，选择所有的椭圆图层，单击任何一个图层的下拉按钮，在下拉菜单中找到"变形：椭圆"，在此层中找到比例，然后在第 2 秒处设置其为 0，并激活关键帧。

　　接着在第 2 秒 6 帧处设置其为 120%，在第 2 秒第 14 帧处设置其为 90%，在第 2 秒第 22 帧处设置其为 100%。最后选中设置的所有关键帧，按快捷键 F9 把这些关键帧的插值都变为贝塞尔曲线，如图 6－32 和图 6－33 所示。

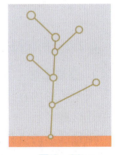

图 6－31

图 6－32

图 6－33

步骤06：此时如果发现某些线条的生长方向不对，可以单独找到该线条，然后单击相应的"反转路径方向"按钮，如图 6 – 34 所示。

步骤07：渲染并输出动画，最终效果如图 6 – 35 所示。

图 6 – 34

图 6 – 35

6.2.2　形状概述

1. 矢量图形

矢量图形的直线或曲线都是由计算机中的数学算法来定义的，并且运用了几何学的特征来描述这些形状。

矢量图形的优势在于，即使它被放大了很多倍，图形的边缘依然是光滑平整，没有任何棱角的，如图 6 – 36 所示。

2. 位图图像

位图图像由通俗意义上不同颜色信息的像素点组合而成，其图像质量取决于图像的分辨率。图像的分辨率越高，图像看起来就越清晰，相应地，图像文件需要的存储空间也就越大，所以，放大位图图像并达到一定程度时，图像的边缘会出现锯齿现象，也就是像素点，如图 6 – 37 所示。

图 6 – 36

图 6 – 37

3. 路径

蒙版和形状都是基于路径的概念，也就是通常所说的点动成线、线动成面的具象表现，不过此时的线可以是直线，也可以是曲线。

在 After Effects 中，可以使用形状工具来绘制标准的几何形状路径。比如可以用"钢笔工具"来绘制复杂的形状路径，并且可以操控手柄来改变路径的形状，如图 6-38 所示。

图 6-38

技巧小贴示：

在 After Effects 中，路径具有两种不同的点，即角点和平滑点。平滑点连接的是平滑的曲线。其出点和入点的方向控制手柄在同一条直线上，如图 6-39 所示。对于角点而言，连接角点的两条曲线在角点处发生了突变，曲线的出点和入点的方向控制手柄不在同一条直线上，如图 6-40 所示。

图 6-39

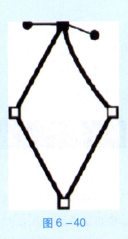

图 6-40

另外，用户可以结合角点和平滑点来绘制各种路径形状，即使在绘制完成后，也可以对这些点进行调整，如图 6-41 所示。

但是，当调节平滑点上的一个方向控制手柄时，上一个方向控制手柄也会发生改变，如图 6-42 所示。

当调节角点上的一个方向控制手柄时，另外一个方向控制手柄不会发生改变，如图 6-43 所示。

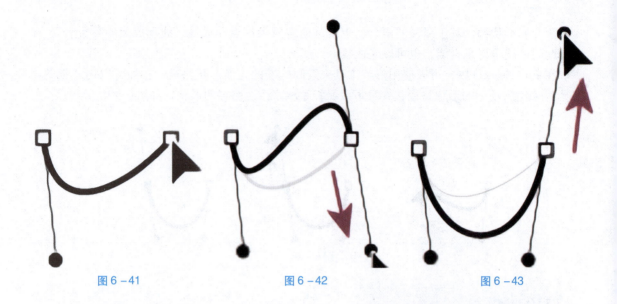

图 6 – 41   图 6 – 42   图 6 – 43

6.2.3 形状工具

在 After Effects 中，使用形状工具时，不仅可以创建形状图层，也可以创建所选形状的路径，如图 6 – 44 所示。

选择一个形状工具后，"工具"面板中会出现创建形状或蒙版的选择按钮，分别是"工具创建形状"和"工具创建蒙版"两个按钮，位置在形状工具右侧，如图 6 – 45 所示。

图 6 – 44

图 6 – 45

在未选择任何图层的情况下，直接使用形状工具在监视器中创建出图形的是形状图层，而不是蒙版；而此时如果选择的图层是形状图层，那么可以继续使用形状工具创建图形或为当前图层创建蒙版；如果选择的图层是素材图层或纯色图层，那么使用形状工具只能创建蒙版。

技巧小贴示：

形状图层与文字图层一样，都会在"时间轴"面板中显示出来，起始命名也是"形状图层"。但是不同的是，形状图层不能在"图层"面板中进行预览，而且它也不会显示在"项目"面板的素材文件夹中，所以它并不是生成一个实际的素材图层，因此也不能直接在其上进行绘画操作。

当使用形状工具创建形状图层后，此时在"工具"面板右侧会显示各个调整参数的按钮，可以用来设置图形的填充、描边及描边宽度等参数，如图 6 – 46 所示。

图 6 - 46

1. 矩形工具

使用"矩形工具"可以绘制出矩形，在绘制时，按住 Shift 键可以绘制正方形，如图 6 - 47 所示；也可以为图层绘制蒙版，如图 6 - 48 所示。

图 6 - 47

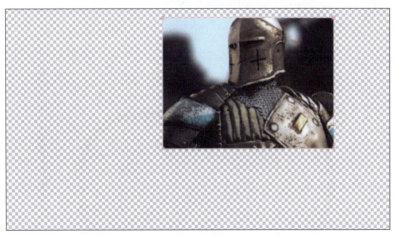

图 6 - 48

2. 圆角矩形工具

使用"圆角矩形工具"可以绘制出圆角矩形和圆角正方形，如图 6 - 49 所示；也可以为图层绘制蒙版，如图 6 - 50 所示。

图 6 – 49

图 6 – 50

技巧小贴示：

　　图 6 – 50 所示为默认的圆角半径大小，如果要设置不同的半径大小，可以在绘制时不松开鼠标，按住键盘上的↑和↓方向键调整"圆度"的大小，如图 6 – 51 所示。

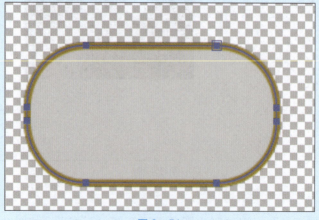

图 6 – 51

3. 椭圆工具

使用"椭圆工具"可以绘制出椭圆，如果想要绘制圆，可以在绘制时按住 Shift 键，如图 6-52 所示。也可以为图层绘制椭圆图形和椭圆蒙版，如图 6-53 所示。

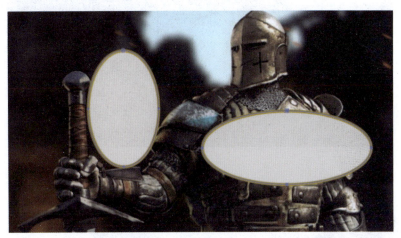

图 6-52

图 6-53

4. 多边形工具

使用"多边形工具"可以绘制出边数至少为 5 的多边形路径和图形，可以为图层绘制多边形蒙版，如图 6-54 和图 6-55 所示。

> **技巧小贴士：**
> 如果要设置多边形的边数，可以在绘制"多边星形路径"时，按住鼠标左键的同时按键盘上的↑和↓方向键，即可修改"点"属性，如图 6-56 所示。

5. 星形工具

使用"星形工具"可以绘制出边数至少为 3 的星形路径和图形，边数为 3 也就是三角

图 6 –54

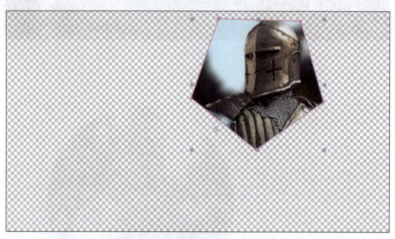

图 6 –55

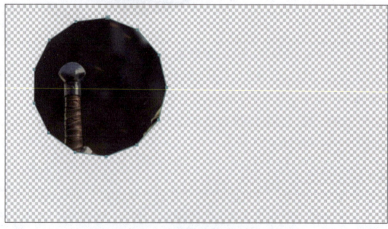

图 6 –56

形，并在此基础上可以增加角的数量，如图 6-57 所示，也可以为图层绘制星形蒙版，如图 6-58 所示。

图 6-57

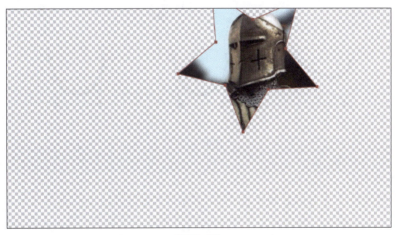

图 6-58

6.2.4 钢笔工具

使用"钢笔工具"可以在"合成"或"图层"面板中绘制出各种自己需要的路径，具有更好的灵活性和创造性。它包含 4 个辅助工具，并且选择在"钢笔工具"后，面板的右侧会出现一个"RotoBezier"选项，如图 6-59 所示。

图 6-59

"RotoBezier"选项的作用是决定创建的贝塞尔曲线是否包含控制手柄，其在默认情况下处于未被勾选的状态，此时绘制出的曲线会有控制手柄，反之，则不包含控制手柄。曲线的顶点曲率由 After Effects 自动计算。

使用"钢笔工具"绘制的贝塞尔曲线，主要包括直线、U 形曲线和 S 形曲线 3 种。

1. 绘制直线

这是"钢笔工具"最简单的绘线方法。使用该工具时，单击确定第 1 个点，在其他地方单击确定第 2 个点，此时两个点便形成一条直线。如果要绘制水平直线、垂直直线等特殊的直线，可以在按住 Shift 键的同时进行绘制，如图 6 –60 所示。

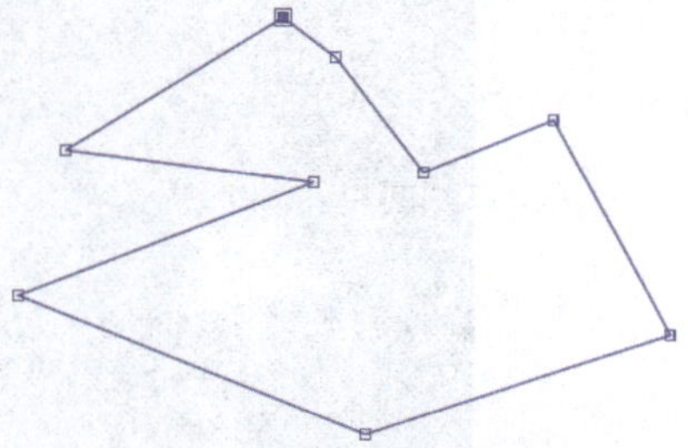

2. 绘制 U 形曲线

使用"钢笔工具"还可以绘制 U 形贝塞尔曲线。首先用上述方法绘制直线，确定好第 2 个顶点后，拖曳第 2 个顶点的控制手柄即可绘制 U 形贝塞尔曲线。在图 6 –61 中，A 为开始拖动时的状态。B 为将第 2 个顶点的控制手柄调节成与第 1 个顶点的控制手柄对称时的状态，C 为最终结果。

图 6 –60

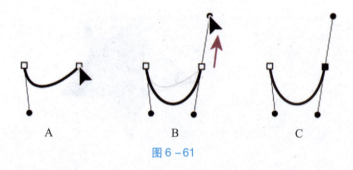

图 6 –61

3. 绘制 S 形曲线

使用"钢笔工具"还可以绘制 S 形贝塞尔曲线。通过方法 1 与方法 2 先绘制好 U 形曲线，在确定好第 2 个顶点后拖曳第 2 个顶点的控制手柄，使其方向与第 1 个顶点的控制手柄的方向相同。此时中间的直线将受到两个点的手柄影响而变为 S 形曲线，如图 6 –62 所示。

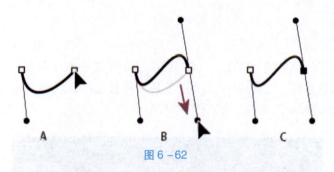

图 6 –62

技巧小贴士：

在使用"钢笔工具"时，需要注意以下 3 种情况。

第 1 种：改变顶点位置。在创建顶点时，如果位置不符合要求，除了撤销以外，还可以通过左键拖动的方式使顶点移动到合适的位置。

第 2 种：封闭开放的曲线。在绘制好曲线形状后，如果想要将开放的曲线设置为封闭曲线，可以通过执行"图层"→"蒙版和形状路径"→"已关闭"菜单命令来完成。另外，绘制完曲线后，找到绘制曲线的第一个顶点，将指针移动到第一个顶点处，当鼠标指针变形状时，单击即可封闭曲线。

第 3 种：结束选择曲线。在绘制好曲线后，如果想要结束对该曲线的绘制，激活"工具"面板中的其他工具即可，或者按 F2 键。

6.2.5 创建文字轮廓形状图层

在 After Effects 中输入文字时，可以将文字的外形轮廓提取出来，其形状路径将作为一个新图层出现在"时间轴"面板中，其外观也就是通俗意义上的实心文字与空心文字。新生成的轮廓形状图层会继承源文字图层的原始属性。如果要进行此操作，可以先创建一段想要的文字，选择该文字图层，然后执行"图层"→"创建"→"从文本创建形状"菜单命令，即可提取文字轮廓，如图 6-63 所示。

图 6-63

6.2.6 形状属性

创建一个形状后，可以为创建好的图形添加相关属性，在"时间轴"面板或"添加"选项的下拉菜单中，即可为形状或形状组添加属性，如图 6-64 所示。

此时可以看到下拉菜单中有三条灰线，分别成了路径属性、颜料属性和路径变换属性。

其中，颜料属性包括"填充""描边""渐变填充""渐变描边"4 种。

- 填充：可以对图形内部进行颜色的填充。
- 描边：可以将生成的路径进行描边。
- 渐变填充：可以对图形内部进行渐变颜色的填充。
- 渐变描边：可以对生成的路径进行渐变描边。

图 6-64

6.2.7　路径变形属性

顾名思义，就是对目前已有的路径进行形状的改变，在同一个群组中，路径变形属性可以对位于其中的所有路径起作用。此外，还可以进行复制、剪切、粘贴等操作。

● 合并路径：为一个路径组添加该属性后，软件将会运用特定的运算方法将群组中的路径合并起来。添加"合并路径"属性后，可以为群组设置不同的模式，如图6-65所示。

图6-65

图6-66为蒙版展示，图6-67~图6-70所示的模式分别为"相加""相减""交集""差值"，因不包含色彩属性，所以"变亮"与"变暗"不会有变化。

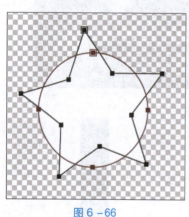

图6-66

图6-67

图6-68

图6-69

图 6 – 70

- 位移路径：使用该属性可以对原始路径进行缩放操作，如图 6 – 71 所示。

图 6 – 71

- 收缩和膨胀：使用该属性可以使源曲线中向外凸起的部分往内凹陷，向内凹陷的部分往外凸出，数值越大，效果越明显，如图 6 – 72 所示。

图 6 – 72

- 中继器：使用该属性可复制一个形状，数值越大，复制越多，如图 6 – 73 所示。
- 圆滑：使用该属性可以对图形中尖锐的拐角点进行圆滑处理。数值越大，角度越圆滑。
- 修剪路径：该属性可以用来为路径制作生长动画。

图 6 - 73

● 扭转：使用该属性可以形状的中心为圆心对形状进行扭曲操作。正值为顺时针方向扭曲，负值为逆时针方向扭曲，如图 6 - 74 所示。

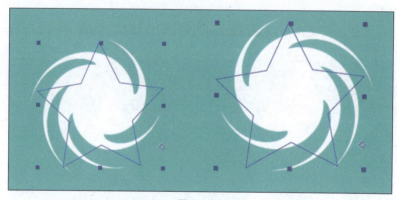

图 6 - 74

● 摆动路径：可以将已有的路径变成各种随机运动的锯齿形状。
● 摇摆变换：可以为路径形状制作摇摆动画。
● Z 字形：效果与摆动类似，但是可以将路径变成具有统一规律的锯齿状路径。

6.3 课后习题——军舰动画

素材位置：实例文件\CH06\课后习题——水上舰船\（素材）
实例位置：实例文件\CH06\课后习题——水上舰船 . aep
练习目标：通过运用仿制图章功能，为案例中的海洋添加各种路径动画，从而更加熟练地掌握路径的实际应用。
难易指数：★★
使用的素材如图 6 - 75 所示。
过程提示：
步骤 01：启动 After Effects 2022，导入学习资源中的"实例文件\CH06\课后习题——水上舰船 . aep"文件，然后在"项目"面板中双击"水上舰船"加载该合成。
步骤 02：使用"仿制图章工具"，将水面任意一艘舰船在画面中空闲的海面处复制一份，并为该图层中"仿制"下的"路径"设置动画关键帧。

图 6 – 75

步骤 03：调整该图层仿制图章中的"仿制时间偏移"参数，以及"变换"下的"位置""比例"等参数，让复制出来的舰船与其原始形态有更大的差别。同时，让远处的海面更加丰富，具体效果可以自行发挥。

本章总结

在 After Effects 的使用过程中，不是很复杂的图案和文字的制作都可以在 After Effects 里完成，大大减少了工作量。另外，在日常工作中，绘画与形状工具的使用都很常见。

在以水墨风格的作业为代表的 After Effects 操作中，尤其对绘画和形状工具的应用最为常见，包括笔刷、水墨路径、书法字等，使用本章中的工具可以大大减少制作时间，且能够呈现出更好的效果。

熟练掌握本章内容，并多加练习，尤其是案例中可以多加入自己的想法尽情地去创作，从而创作出更加令人满意的作品。

第7章

文字及文字动画

本章导读

在运用 After Effects 进行创作时，在使用图片与视频素材时，文字也是不可或缺的。在影视制作后期，文字担负着补充画面信息和媒介交流的职责，在某个画面中适当地添加文字，可以对整体起到画龙点睛的作用。本章主要讲解在 After Effects 中如何制作文字动画，以及创建文字蒙版和形状轮廓等内容，从而使作品更加丰满。

学习目标

知识目标：了解文字的作用，熟悉文字本身属性，从而以文字为基础制作文字动画，并掌握文字蒙版和形状轮廓的创建方法。

能力目标：能够综合运用文字工具完成目标效果的制作。

素养目标：具备同学之间相互学习交流提升素养、精益求精提升效率的职业习惯。

7.1　文字的创建

在 After Effects 中，提供以下 4 种方法来创建文字，分别是使用文字工具创建、使用"图层"→"新建"→"文本"菜单命令创建、使用"文本"滤镜组创建以及从外部导入文字。

本节知识思维导引见表 7-1。

表 7-1

	分类	内容	重要性
文字的创建	文字的概念	掌握文字的概念	★★★★★
	用软件创建新的文字	掌握如何使用软件本身的"文本"菜单命令创建文字	★★★★★
	"编号"与"时间码"	掌握如何使用"编号"和"时间码"滤镜创建文字	★★★★
	外部导入创建文字	了解如何从外部导入文字	★★★★

7.1.1　课堂案例——文字显示

创建文字录屏

素材位置： 实例文件\CH07\课堂案例——创建文字\（素材）

实例位置： 实例文件\CH07\课堂案例——创建文字．aep

案例描述： 在制作各种文字效果之前，需要掌握文字基本的属性设置和文字动画的制作方法，几乎大部分的文字效果都是基于这两种属性而成的。本案例展示如何进行文字动画的制作，效果如图 7 - 1 所示。

创建文字 - 素材 -
风景图

难易指数： ★★★★

任务实施：

图 7 - 1

步骤 01：启动 After Effects 2022，导入学习资源中的"实例文件\CH07\课堂案例——创建文字．aep"文件，然后在"项目"面板中双击"创建文字"加载该合成，如图 7 - 2 所示。

图 7 - 2

步骤 02：选中"文字 5"文本图层，展开文本图层的"文本"属性，单击"动画"按钮，先后执行"位置"和"不透明度"命令，如图 7 - 3 所示。设置位置为（0，0），不透明度为 0%，如图 7 - 4 所示。

步骤 03：将上一步中的文字图层下拉菜单中的"动画制作工具 1 - 范围选择器 1 - 高级"中的"依据"设置为"词"，如图 7 - 5 所示。

步骤 04：将时间指示器放置在第 0 帧处，设置上一步文字图层下拉菜单中的"动画制

图 7-3

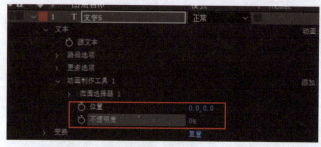

图 7-4

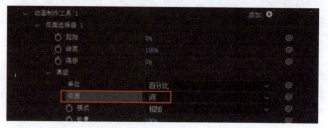

图 7-5

作工具 1 - 范围选择器 1" 下的"起始"为 0%，并设置动画关键帧，然后在第 1 秒 15 帧处设置其为 100%，框选这两个关键帧并按快捷键 F9，将它们变为贝塞尔曲线，如图 7-6所示。

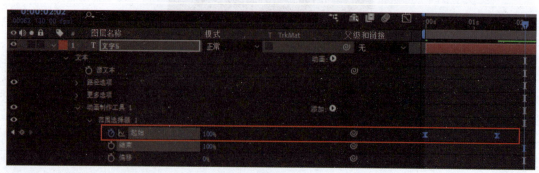

图 7-6

步骤05：对"文字4"和"文字3"图层进行同样的操作，在3号图层中，第1个关键帧的位置为第1秒10帧处，第2个为第2秒25帧处；在4号图层中，第1个关键帧的位置为第15帧处，第2个为第2秒处，如图7-7所示。

图7-7

步骤06：在"文字1"图层中，在第15帧处，再次添加位置与不透明度属性，设置位置为（550.0，370.0），"不透明度"为0%，并添加动画关键帧；在第1秒20帧处，设置位置为（600.0，300.0），"不透明度"为100%。在"文字2"图层中，在第10帧处，再次添加位置与不透明度属性，设置位置为（1 000.0，500.0），"不透明度"为0%，并设置动画关键帧；在第2秒处，设置位置为（755，561.4），不透明度为100%。然后框选所有关键帧并按快捷键F9，将它们变为贝塞尔曲线，如图7-8所示。

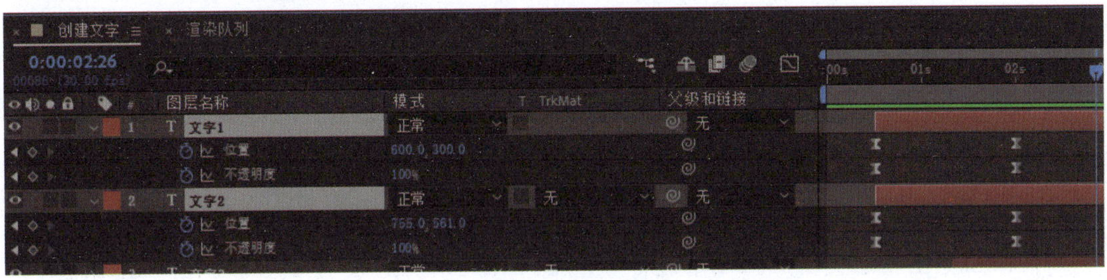

图7-8

步骤07：框选所有的文字图层，将它们的混合模式设置为"叠加"，如图7-9所示。

图7-9

步骤08：渲染并输出动画，最终效果如图7-10所示。

图 7 -10

7.1.2　使用文字工具

在 After Effects 中，如果想要自主创建文字，在最上方的"工具"面板中选择文字工具即可。同时，在该工具上按住鼠标左键不动，将会打开文字工具子菜单，其中包含两个子工具，分别为"横排文字工具"和"直排文字工具"，如图 7 -11 所示。

图 7 -11

选择相应的文字工具后，回到监视器的"合成"面板中，单击确定文字的输入位置，同时拖动鼠标左键可以选择文字输入的范围大小。当显示光标后，即可输入相应的文字，当进行单击操作后，会在"时间轴"面板中自动新建一个文字图层。

> **技巧小贴士：**
> 按住鼠标左键拖曳出一个矩形选框后，输入的文字只能在选框内部输出，此时所创建的文字称为"段落文本"，如图 7 -12 所示。如果直接输入文字，不进行拖动操作，则称为"点文本"。

图 7 -12

7.1.3　使用"文本"菜单命令

除了直接使用文字工具创建文字以外，还可以使用菜单命令创建文字，并且有以下两种方法。

第 1 种：在软件的最上方单击"图层"按钮，执行"新建"→"文本"菜单命令或按快捷键 Ctrl + Alt + Shift + T，如图 7-13 所示，即可新建一个文字图层。"合成"面板正中间会出现输入光标，此时可以直接输入相应文字。

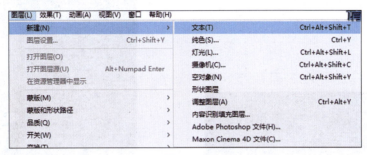

图 7-13

第 2 种：在"时间轴"面板的空白处右击，在弹出的菜单中选择"新建"→"文本"命令，如图 7-14 所示，此时可以新建一个文字图层。然后在"合成"面板中单击确定文字的输入位置，当显示文字光标后，即可输入相应的文字。

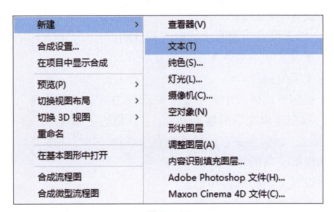

图 7-14

7.1.4　使用"文本"滤镜组

除上述两种办法之外，还可以在"文本"滤镜组中使用"编号"和"时间码"滤镜来创建文字。

1. "编号"滤镜

"编号"滤镜主要用来创建各种数字效果，尤其适用于创建数字的变化效果。执行"效果"→"文本"→"编号"菜单命令，会弹出"编号"对话框，如图 7-15 所示。在"效果控件"面板中展开"编号"滤镜的属性，如图 7-16 所示。

参数详解：

格式：用来设置文字的种类。

类型：用来设置数字的类型。

随机值：勾选后，原有的数字会变成逐帧变化的随机数字。

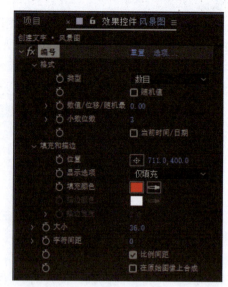

图 7 - 16

图 7 - 15

数值/位移/随机最大：用来设置数字随机离散的范围。

小数位数：用来设置小数点后的位数。

当前时间/日期：用来设置当前系统的时间和日期。

填充和描边：用来设置文字颜色和描边的显示方式。

位置：用来指定文字的位置。

显示选项：此选项的下拉列表中提供了 4 种选择方式。"仅填充"，只会显示文字的填充颜色；"仅描边"，只会显示文字的描边颜色；"在描边上填充"，会在文字描边颜色中填充颜色；"在填充上描边"，会在文字的填充颜色上描边。

填充颜色：用来设置文字的填充颜色。

描边颜色：用来设置文字的描边颜色。

描边宽度：用来设置文字的描边宽度。

大小：用来设置字体的大小。

字符间距：用来设置文字的间距。

比例间距：用来设置均匀的间距。

2. "时间码"滤镜

"时间码"滤镜主要用来创建各种时间码动画。时间码是影视后期制作的时间依据，因为在制作好效果后，可能还需要配音和配乐等操作，如果每一帧包含时间码，那么将会极大地方便后续的制作流程，所以了解时间码也是非常必要的。

执行"效果"→"文本"→"时间码"菜单命令，可以选择执行图层，然后在"效果控件"面板中可以看到"时间码"滤镜的参数，如图 7 - 17 所示。

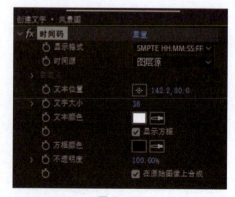

图 7 - 17

参数详解：

显示格式：用来设置时间码格式。

时间源：用来设置时间码的来源。

自定义：用来自定义时间码的单位。

文字位置：用来设置时间码显示的位置。

文字大小：用来设置时间码的大小。

文字颜色：用来设置时间码的颜色。

方框颜色：用来设置外框的颜色。

不透明度：用来设置不透明度的数值。

7.1.5　外部导入

除了上述几种添加文字的方法以外，由于 Adobe 良好的联动性，可以将在 Photoshop 或者 Illustrator 软件中设计好的文字导入 After Effects 中，下面展示 PSD 文件的文字导入。

第 1 步：执行"文件"→"导入"→"文件"菜单命令，选择已经设置好的 PSD 文件，单击"确定"按钮，会弹出相关对话框。此时在"导入种类"下拉菜单中选择"合成"→"保持图层大小"选项，接着在"图层选项"属性中选择"可编辑的图层样式"，最后单击"确定"按钮，如图 7 – 18 所示。

第 2 步：导入后，相关文件会以合成的方式被添加到"项目"面板中，此时可以将此合成添加到"时间轴"面板中，如图 7 – 19 所示。

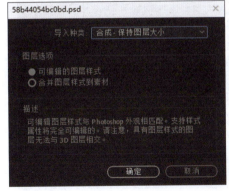

图 7 – 18

图 7 – 19

7.2 　**文字的属性**

创建文字之后，文字此时的属性为默认的文字属性，而在效果的制作中，往往需要根据设计要求随时调整文字的基本属性。

本节思维导引见表 7 – 2。

表 7 - 2

	分类	内容	重要性
文字属性	文字内容属性修改	了解如何修改文字内容	★★★★★
	文字的"字符"和"段落"面板属性	了解"字符"和"段落"面板中的各个参数	★★★★★

7.2.1 课堂案例——破旧文字效果

素材位置：实例文件\CH07\课堂案例——木桩上的文字\（素材）

实例位置：实例文件\CH07\课堂案例——木桩上的文字 . aep

案例描述：在日常的学习中，附着在物体上的文字随处可见，这也是文字效果制作中常用的技术手段。本案例则通过对文字的内容属性的修改，从而达到最终的文字效果。制作的效果如图 7 - 20 所示。

难易指数：★★★★★

任务实施：

步骤 01：启动 After Effects 2022，导入学习资源中的"实例文件\CH07\课堂案例——木桩上的文字 . aep"文件，然后在"项目"面板中双击"木桩上的文字"加载该合成，如图 7 - 21 所示。

图 7 - 20

图 7 - 21

木桩上的
文字 – 素材

课堂案例——
木桩上的文字录屏

步骤 02：在上方的"工具"面板中单击"文字工具"下拉按钮，在下拉菜单中选择"横排文字工具"，然后在"字符"面板中设置字体为"宋体"，颜色为（0,0,0），字号为 132 像素，字符间距为 80，开启"全部大写字母"，如图 7 - 22 所示。接着在"合成"面板中输入任意自己喜欢的文字，如图 7 - 23 所示。

步骤 03：选择文本图层，将图层的"位置"设为（280,255），如图 7 - 24 所示。然后在效果面板中搜索"变换"效果并为其添加，将"变换"下的"倾斜"设置为 - 12，如图 7 - 25 所示。

步骤 04：选择该文本图层，并按快捷键 Ctrl + D 将其复制一份，将位于下方的图层文字的颜色设为（70,70,70），并将它的"位置"设为（283,260），如图 7 - 26 所示。

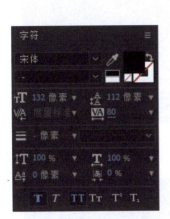

图 7－22

图 7－23

图 7－24

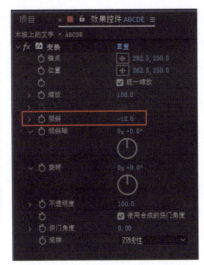

图 7－25

步骤 05：选中两个文本图层，执行"预合成"命令，并将该合成命名为"文字层"。将该图层放在"木桩"图层的上方，然后将"文字层"混合模式设为"差值"，如图 7－27 所示。本案例制作完成。

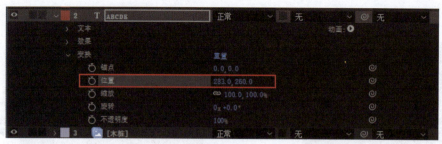

图 7 −26

图 7 −27

7.2.2 修改文字内容

如果要修改文字内容，也有两种方法：一种方法是在"工具"面板中单击"横排文字工具"，然后在"合成"面板中单击需要修改的文字，即可选择需要修改的部分；另一种方法是直接在"时间轴"面板中双击文字层，此时监视器中所选文字会被全选，也可以进行文字内容的修改。

7.2.3 "字符"和"段落"面板

如果要修改文字的基本属性，就需要用到文字设置面板。After Effects 中的文字设置面板分别为"字符"面板和"段落"面板。可以单击工具栏中的"窗口"→"字符"菜单命令，打开"字符"面板，如图 7 −28 所示。

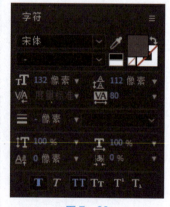

图 7 −28

参数详解：

宋体：这里设置的是文字的字体（下拉菜单中只会显示计算机中已有的字体）。

字体样式：设置字体的样式。

吸管工具：用这个工具可以吸取所选位置的颜色作为字体或描边的颜色。

设置为黑色/设置为白色：单击相应的色块，可以直接将字体设置为黑色或白色。

不填充颜色：单击这个图标，可以不为文字或描边填充颜色。

颜色切换：快速切换填充颜色和描边颜色。

字体描边颜色：设置字体的填充和描边颜色。

文字大小：设置文字的大小。

文字行距：设置上下文本之间的距离。

字符间距：增大或缩小当前字符之间的距离。

文字间距：设置文本之间的距离。

描边粗细：设置文字描边的粗细。

描边方式：设置文字描边的方式。

文字高度：设置文字的高度缩放比例。

文字宽度：设置文字的宽度缩放比例。

文字基线：设置文字的基线。

比例间距：设置中文或日文字符的比例间距。

文本粗体：将文本设置为粗体。

文本斜体：将文本设置为斜体。

强制大写：强制将所有文本变成大写。

强制大写但区分大小：将输入的文本强制转化成大写，但是对小写字符采取较小的尺寸进行显示。

文字上、下标：设置文字的上、下标，适用于制作一些数学单位。

除了"字符"面板，还有"段落"面板。执行"窗口"→"段落"命令，可打开"段落"面板，如图7–29所示。

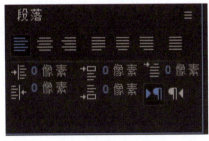

图7–29

参数详解：

对齐文本：分别为文本居左、居中及居右对齐。

最后一行对齐：分别为最后一行文本居左、居中及居右对齐，并且强制两边对齐。

两端对齐：强制文本两边对齐。

缩进左边距：设置文本的左侧缩进量。

缩进右边距：设置文本的右侧缩进量。

段前添加空格：设置段前间距。

段后添加空格：设置段末间距。

首行缩进：设置段落的首行缩进量。

技巧小贴士：

如果当前的文字为"直排文字工具"创作出的文字，那么"段落"面板中的参数也会随之发生变化，如图7–30所示。

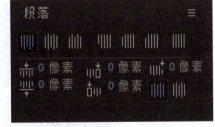

图7–30

7.3 文字的动画

在 After Effects 中，还为文字图层提供了单独的文字动画制作方式，从而在特效制作中提供了更多的选择，也使影片的画面更加鲜活、更具生命力，所表现出的效果也会更好。常用的制作文字动画的方法主要有以下 3 种。

第 1 种：通过"源文本"属性制作动画。

第 2 种：将文字图层自带的基本动画与选择器相结合来制作单个文字动画或文本动画。

第 3 种：调用文本动画中的预设动画，然后根据需要进行人性化修改。

本节知识思维导引见表 7 – 3。

表 7 – 3

	分类	内容	重要性
文字动画	"源文本"动画	掌握使用"源文本"制作动画的方法	★ ★ ★ ★ ★
	"动画制作工具"动画	掌握使用"动画制作工具"功能制作动画的方法	★ ★ ★ ★ ★
	路径动画文字	了解如何使用路径来制作动画文字	★ ★ ★ ★ ★
	预设的文字动画	掌握使用预设进行文字动画的制作	★ ★ ★ ★ ★

7.3.1 课堂案例——文字节奏跳动

素材位置：实例文件\CH07\课堂案例——文字节奏跳动\（素材）

实例位置：实例文件\CH07\课堂案例——文字节奏跳动 . aep

案例描述：在制作文字动画时，种类其实有很多，而往往需要在特定的需求里制作相应的文字效果，比如动感的文字，可以使画面更具有节奏感。本案例将详细展示文字的节奏跳动动画的制作，最终的制作效果如图 7 – 31 所示。

难易指数：★ ★ ★ ★ ★

文字节奏跳动 – 素材

课堂案例——
文字节奏跳动录屏

图 7 – 31

任务实施：

步骤01：启动 After Effects 2022，导入学习资源中的"实例文件\CH07\课堂案例——文字节奏跳动"文件，然后在"项目"面板中双击"文字节奏跳动"加载该合成，如图7-32所示。

图7-32

步骤02：在上方工具栏中选择"横排文字工具"，在"合成"面板中输入"ABCDE"（输入随意字符即可，此处用 ABCDE 作为演示），然后在"字符"面板中设置字体为"宋体"，填充颜色为"无"，描边颜色为（179,0,0），字号为150像素，字符间距为150，描边宽度为5像素，如图7-33所示。

步骤03：选中刚才创建的文字层，展开文本图层的"文本"属性，单击"动画"按钮，并执行"不透明度"命令，然后设置"不透明度"为0%，接着将"动画制作工具1"→"范围选择器1"→"高级"下面的"平滑度"设置为0%，如图7-34所示。

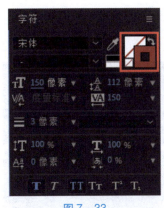

图7-33

图7-34

步骤04：选择上一步操作的文本图层，再次展开"文本"→"动画制作工具1"→"范围选择器 1"属性组，在第 0 秒处激活"起始"关键帧，并且在"高级"选项中打开"随机排序"开关，同样激活"随机植入"的关键帧，最后在第 1 秒处设置"起始"为 100%，设置"随机植入"为 10，如图 7 – 35 所示。

图 7 – 35

步骤05：设置文本图层的位置为（540,278），然后将其复制 2 份，接着将最上面的文本图层的填充颜色设为白色，描边颜色设为"无"；将中间的文本图层的描边宽度设为 2，将"位置"设为（547,286），最后设置中间文字图层的轨道遮罩为"Alpha 遮罩"，这时的 3 个文本图层如图 7 – 36 所示。

图 7 – 36

步骤06：右击"时间轴"面板的空白区域，新建一个调整图层，并将其置于顶层，将效果中的"风格化"→"发光"命令添加到调整图层中，将"发光"效果的"发光半径"设置为 4.0，"发光强度"设置为 1.0，如图 7 – 37 所示。

步骤07：将上一步中的"发光"效果在同一图层上复制两份，将第 1 份的"发光半径"改为 15.0，"发光强度"改为 1.0；将第 2 份的"发光半径"改为 80.0，"发光强度"改为 1.2，如图 7 – 38 所示。

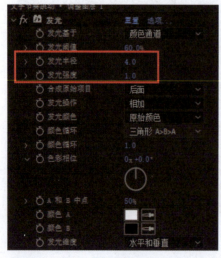

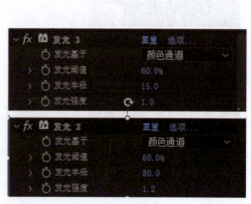

图 7 – 37   图 7 – 38

步骤08：渲染并输出动画，最终效果如图 7 – 39 所示。

图 7 – 39

7.3.2 "源文本"动画

使用"源文本"属性可以对文字内容和段落格式等制作动画，不过这种动画只能是突变性的动画，如果片段过长，则或许并不适合用此方法来制作。

7.3.3 "动画制作工具"动画

创建一个文字图层以后，可以使用"动画制作工具"方便、快速地创建出各种动画效果。上述案例中也广泛应用了此功能，如图 7 – 40 所示。

图 7 – 40

1. 动画属性

单击"动画"后面的按钮，可以打开动画属性菜单，如图 7 – 41 所示。

属性详解：

启用逐字 3D 化：此选项可以控制是否开启三维文字功能。

锚点：用于制作文字中心定位点变化的动画。

位置：用于制作文字的位移动画。

缩放：用于制作文字的缩放动画。

倾斜：用于制作文字的倾斜动画。

旋转：用于制作文字的旋转动画。

不透明度：用于制作文字不透明度变化的动画。

全部变换属性：将所有基础属性一次性添加到"动画制作"中。

填充颜色：用于制作文字颜色变化的动画。

描边颜色：用于制作文字描边颜色变化的动画。

图 7 – 41

描边宽度：用于制作文字描边粗细变化的动画。

字符间距：用于制作文字间距变化的动画。

行锚点：用于制作文字的对齐动画。

行距：用于制作多行文字行距变化的动画。

字符位移：用于按照统一的字符编码标准（即 Unicode 标准）为选择的文字制作位移动画。例如，设置英文"ABCDE"的"字符位移"为1，那么最终显示的英文就是"BCDEF"（即所有的字母向后位移"1"位），如图7-42所示。

ABCDE BCDEF

图7-42

字符值：按照 Unicode 文字编码形式，用设置的"字符值"所代表的字符统一替换原来的文字。例如，设置"字符值"为50，那么使用文字工具输入的文字都将被数字 2 替换，如图7-43所示。

ABCDE 22222

图7-43

模糊：用于制作文字的模糊动画，可以单独设置文字在水平方向和垂直方向的模糊数值。

添加动画属性的方法有以下两种。

第1种：单击"动画"后面的按钮，然后在打开的菜单中选择相应的属性，此时会产生一个"动画制作工具"属性组，如图7-44所示。

图7-44

第2种：如果文本图层中已经存在"动画制作工具"属性组，那么还可以在这个"动画制作工具"属性组中添加动画属性，如图7-45所示。

文字动画是按照从上向下的顺序进行渲染的，所以在不同的属性组中添加相同的动画属性时，最终结果都是只以最后一个"动画制作工具"属性组中的动画属性为主。

图7-45

2. 选择器

每个"动画制作工具"属性组中都包含一个"范围选择器"属性组，用户可以在一个"动画制作工具"属性组中继续添加"范围选择器"属性组，或在一个"范围选择器"属性组中添加多个动画属性。如果在一个"动画制作工具"属性组中添动加了多个"范围选择器"属性组，那么可以在其中对各个选择器进行调节，这样可以控制各个范围选择器之间相互作用的方式。

添加选择器的方法是在"时间轴"面板中选择一个"动画制作工具"属性组，然后单击其右边的"添加"后面的按钮，接着在弹出的下拉菜单中选择需要添加的选择器，如图7－46所示。

图7－46

3. 范围选择器

"范围选择器"可以使文字按照特定的顺序进行移动和缩放，如图7－47所示。

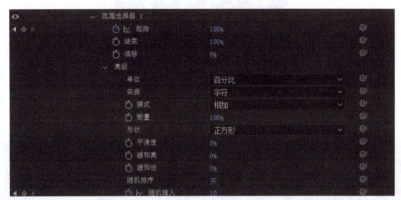

图7－47

属性详解：

起始：设置选择的起始位置。

结束：设置选择的结束位置。

偏移：设置选择器的整体偏移量。

单位：设置选择范围的单位。

依据：设置选择器动画的基于模式。

模式：设置多个范围选择器的混合模式。

数量：设置动画属性参数对选择器文字的影响程度。0%表示没有任何影响，影响程度随百分比递增。

形状：设置选择器边缘的过渡方式。

平滑度：只有在设置"正方形"形状时，该选项才生效，它决定了一个字符向另一个字符过渡的动画时间。

缓和高：在文字从完全选择状态到部分选择状态这一过程中，状态改变的速度。

缓和低：在文字从部分选择状态到完全选择状态这一过程中，状态改变的速度。其与缓和高相反。

随机排序：用于决定是否启用随机设置。

技巧小贴士：

在设置选择的起始位置和结束位置时，除了可以在""时间轴"面板"中对"起始"和"结束"选项进行设置外，还可以在"合成"面板中通过选择工具的框选范围进行设置，如图 7 – 48 所示。

图 7 – 48

4. 摆动选择器

使用"摆动选择器"可以让文本在指定的时间段内产生摇摆动画，如图 7 – 49 所示，其属性如图 7 – 50 所示。

图 7 – 49

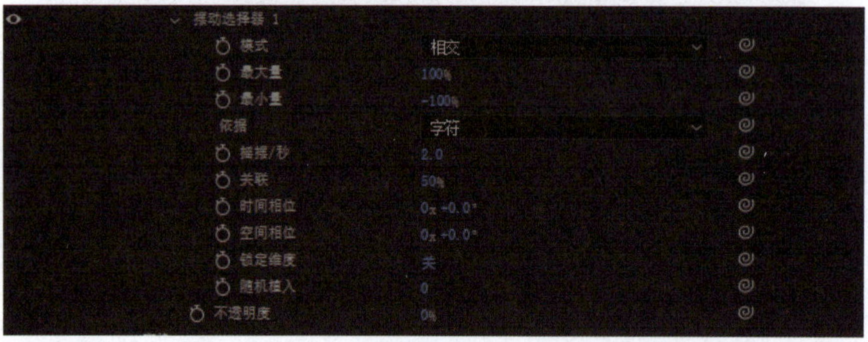

图 7 – 50

属性详解：

模式：设置"摆动选择"与其上层"选择器"之间的混合模式。

最大量/最小量：设置选择器的最大与最小变化幅度值。

依据：设置文字摇摆动画的基于模式。

摇摆/秒：设置文字摇摆的变化频率。

关联：设置每个字符变化的关联性。当其值为 100% 时，字符摆动一致；当值为 0% 时，则互不影响。

时间相位/空间相位：设置字符基于时间或空间的相位大小。

锁定维度：设置不同维度的相应的数值。

随机植入：设置随机的变数。

5. 表达式选择器

当需要 2 个或者多个动画属性时，便可以使用"表达式选择器"，它可以让一个"动画制作工具"属性组中包含多个动画属性，如图 7 –51 所示。

图 7 –51

属性详解：

依据：设置选择器的基于方式。

数量：设定动画属性对选择器文字的影响范围，0% 对选择器文字没有影响。

7.3.4　路径动画文字

在制作文字动画时，有的时候会使用路径去创建文字，如果在文字图层中创建了一个蒙版路径，那么可以将这个蒙版路径作为一个文字的路径来制作动画。但是注意，如果使用封闭的蒙版作为路径，用户需要将蒙版的模式设置为"无"，否则不生效。在文字图层下展开"文本"属性下的"路径选项"属性，如图 7 –52 所示。

图 7 –52

属性详解：

路径：在后面的下拉菜单中可以选择作为路径的蒙版。

反转路径：控制是否反转路径。

垂直于路径：控制是否让文字垂直于路径。

强制对齐：将第一个文字和路径的起点强制对齐，或与设置边距对齐。

首字边距：设置第一个文字相对于路径起点的位置，单位为像素。

末字边距：设置最后一个文字相对于路径结尾处的位置，单位为像素。

7.3.5　预设的文字动画

就是预先已做好的，可以直接拿来用的文字动画效果。

在 After Effects 中，系统提供了丰富的预设特效来创建文字动画。此外，用户还可以借助 Adobe Bridge 软件可视化地预览这些预设的文字动画，使用方法如下。

第 1 步：在"时间轴"面板中，创建好需要应用效果的文字层后，将时间指针放到动画开始的时间点上。

第 2 步：在效果窗口中，执行"窗口"→"效果和预设"菜单命令，打开"效果和预设"

图 7 –53

面板，如图 7 –53 所示。

第 3 步：在 "Text" 栏中找到合适的文字动画，然后直接将其拖曳到选择的文字图层上即可。

技巧小贴士：

使用 Adobe Bridge 软件可以更加直观、方便地看到预设的文字动画效果。

找到需要的动画效果后，直接双击，还可以将动画添加到选择的文字图层上，如图 7 –54 所示。

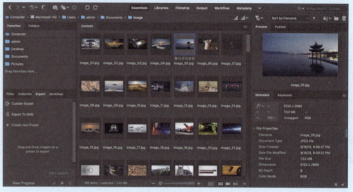

图 7 –54

7.4　文字的拓展

在 After Effects 旧版本中，有一个叫作"创建外轮廓"的命令，在 After Effects 新版本中被分成了"从文本创建形状"和"从文本创建蒙版"两个命令。"从文本创建蒙版"命令与原来的功能完全一样，而多出来的"从文本创建形状"命令则可以建立一个以文字轮廓为形状的形状图层。

本节知识导引见表 7 –4。

表 7 –4

	分类	内容	重要性
文字拓展	文字蒙版与文字形状的概念	了解文字蒙版与文字形状的概念	★★★
	创建文字蒙版与文字形状	掌握如何创建文字蒙版与文字形状	★★★

7.4.1　课堂案例——文字路径

素材位置：实例文件\CH07\课堂案例——路径文字动画\（素材）

实例位置：实例文件\CH07\课堂案例——路径文字动画.aep

课堂案例——路径
文字动画录屏

案例描述：在制作特效的过程中，文字本身往往可能达不到要求的效果，此时就需要使用路径来为文字制作符合要求的动画。本案例将会展示如何使用路径制作文字动画，动画效果如图 7-55 所示。

难易指数：★★

任务实施：

步骤01：打开学习资源中的"实例文件\CH07\课堂案例——路径文字动画.aep"文件，然后在"项目"面板中双击"路径文字动画"加载该合成，如图 7-56 所示。

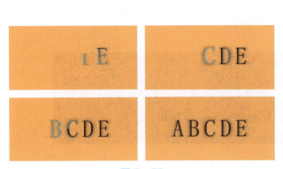

图 7-55

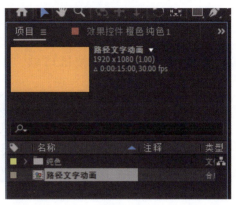

图 7-56

步骤02：使用文字工具输入"ABCDE"（这里用 ABCDE 进行演示），单击上方图层按钮，执行"图层"→"创建"→"从文本创建蒙版"命令，此时会生成一个名为"ABCDE"的纯色图层，其上有命名为"'ABCDE'轮廓"的文本图层形成的蒙版，如图 7-57 所示。

图 7-57

步骤03：选择"'ABCDE'轮廓"图层，在效果中搜索"描边"并添加到该图层，然后在"效果控件"面板中勾选"所有蒙版"选项，接着设置"画笔硬度"为90%，"间距"为0.00%，"绘画样式"为"显示原始图像"，如图 7-58 所示。

步骤04：设置"描边"效果的动画关键帧，在第 0 帧处设置"画笔大小"为 0，"起始"为 100.0%，并激活关键帧，在第 15 帧处设置"画笔大小"为 50.0，在第 25 帧处设置"起始"为 88%，在第 1 秒 15 帧处设置"起始"为 45%，

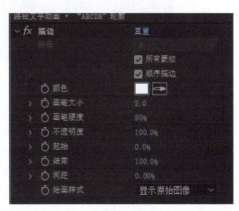

图 7-58

在第 1 秒 20 帧处设置"起始"为 0.0%，然后按快捷键 F9 将所有关键帧的空间插值改为贝塞尔曲线，如图 7 – 59 所示。

图 7 – 59

步骤 05：将"'ABCDE'轮廓"图层复制 3 份，从下到上将这 4 个图层的起始时间分别设置为 0 帧、5 帧、10 帧和 15 帧，如图 7 – 60 所示。

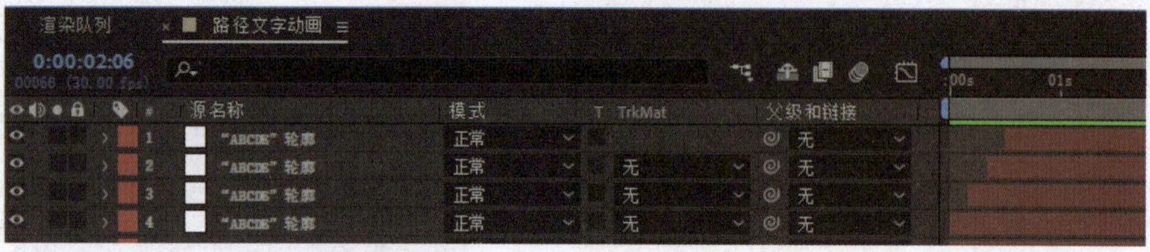

图 7 – 60

步骤 06：为上一步中的 4 个图层添加效果中的"生成"→"填充"效果，从下到上将"填充"效果中的"颜色"分别设置为（150,190,175）、（110,170,165）、（70,130,140）和（60,0,0），如图 7 – 61 所示。

图 7 – 61

步骤 07：为上一步中的 4 个图层进行预合成，并将该合成命名为"文字轮廓"，然后将"文字轮廓"合成复制一份，将复制出来的图层置于其下，命名为"文字阴影"，并为其添加效果"模糊和锐化"→"CC Radial Fast Blur（放射状快速模糊）"，接着将 Center（中心）设置为（960,540），Amount（数量）设置为 60.0，如图 7 – 62 所示。

步骤 08：为上一步中的合成添加"生成"→"填充"效果，将"填充"效果的"颜色"设置为黑色，如图 7 – 63 所示，并将"阴影"合成的"不透明度"设置为 60%。

图 7 - 62   图 7 - 63

步骤 09：渲染并输出动画，最终效果如图 7 - 64 所示。

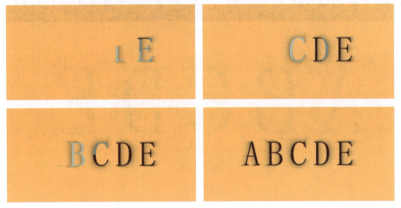

图 7 - 64

7.4.2 创建文字蒙版

在"时间轴"面板中选择需要添加蒙版的文本图层，单击上方按钮图层，执行"创建"→"从文本创建蒙版"命令，系统会自动生成一个新的白色的纯色图层，并在这个图层上创建蒙版，如图 7 - 65 和图 7 - 66 所示。

图 7 - 65

图 7 - 66

7.4.3　创建文字形状

在"时间轴"面板中选择需要添加蒙版的文本图层，单击上方按钮图层，执行"创建"→"从文本创建形状"菜单命令，系统会自动生成一个新的文字形状图层，如图7－67和图7－68所示。

图7－67

图7－68

7.5　课后习题——打字机动画

案例描述：通过本章提供的方法，可以将文字做成计算机打字的特殊效果，从而在效果制作上有更好的呈现。制作效果如图7－69所示。

难易指数：★★★★★

图7－69

过程提示：

步骤 01：启动 After Effects 2022，导入学习资源中的"实例文件\CH07\课后习题 – 打字机文字 . aep"文件，然后在"项目"面板中双击"打字机动画"加载该合成。

步骤 02：为"A – K"图层的"文本"添加"位置"和"字符间距"属性并调整其参数，然后为"范围选择"下的"起始"添加关键帧。为了制造出随机字符，需要打开"随机"开关，调整后观察最终效果。

本章总结

图像和文字在视觉传达领域通常被统筹搭配。文字是画面构成的重要元素，它凭借自身鲜明的特质属性，能够直观地被观者所感知。在制作特效时，当用到图片以及视频素材时，几乎都会联合运用到文字效果与动画，包括字幕也是一种文字的呈现方式。不同的文字呈现方式所带来的视觉效果也是不一样的。

熟练掌握文字的动画效果制作以及包含蒙版与路径的动画效果制作后，在日后的特效制作中可以做到动静结合，图文结合，从而使最终成片的质量更上一层楼，展示出更良好的效果。

第8章

三维空间

本章导读

在 After Effects 效果的制作中，有时二维的平面或许已经满足不了效果的需求，这时便会用到三维功能来进行效果的制作。三维空间是日常生活中的立体空间，也就是指由长、宽、高三个维度所构成的空间，不仅可以给制作者提供更多的发挥空间，还可以给作品增添更加立体的效果。

学习目标

知识目标：了解三维空间的基本概念，掌握如何使用三维功能进行效果的制作，并充分了解其中的坐标系统、基本操作及材质属性，了解灯光和摄像机的基本使用方法。

能力目标：掌握运用三维空间制作效果的基本技巧。

素养目标：培养较强的学习能力、理解能力和创新思维，能够根据需求独立完成高质量的视觉效果制作。

8.1 三维空间的属性

本节知识思维导引见表 8-1。

表 8-1

分类	内容	重要性
三维图层的概念	了解三维图层的概念	★★★
三维图层的基本操作	了解三维图层的基本操作	★★★
三维图层的材质属性以及坐标系统	了解三维图层的材质属性以及坐标系统	★★★

8.1.1 课堂案例——穿越楼群

素材位置：实例文件\CH08\课堂案例——空间穿越\（素材）

课堂案例——空间穿越录屏

课堂案例——空间
穿越天空素材

实例位置:实例文件\CH08\课堂案例——空间穿越.aep

案例描述:在实际效果制作中,当为图层添加了三维属性之后,不仅会增加 Z 轴属性,还可以使用其他功能来丰富此三维空间。本案例将初步展示使用三维空间功能后画面的效果变化。制作的效果如图 8 – 1 所示。

难易指数:★★★★

图 8 – 1

任务实施:

步骤 01:启动 After Effects 2022,导入学习资源中的"实例文件\CH08\课堂案例——空间穿越.aep"文件,然后在"项目"面板中双击"空间穿越"加载该合成,如图 8 – 2 所示。

步骤 02:激活"时间轴"面板中所有 1.jpg、2.jpg、3.jpg 和"三维图层"功能,如图 8 – 3 所示。

步骤 03:设置 4 号图层的"位置"中的 Z 轴为 100.0,5 号图层的"位置"中的 Z 轴为 110.0,6 号图层的"位置"中的 Z 轴为 – 20.0,10 号图层的"位置"中的 Z 轴为 – 5.0,11 号图层的"位置"中的 Z 轴为 1 500.0,12 号图层的"位置"中的 Z 轴为 800.0,如图 8 – 4 所示。

图 8 – 2

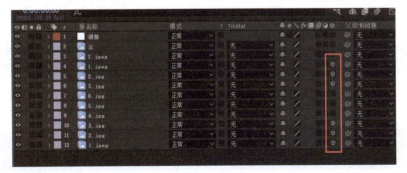

图 8 – 3

图 8-4

步骤 04：在面板上方找到"图层"菜单，执行"新建"→"摄像机"菜单命令，在弹出的对话框中将"胶片大小"设置为 30.00 毫米，并单击"确定"按钮，如图 8-5 所示。

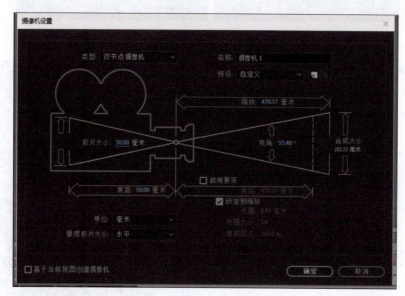

图 8-5

步骤 05：激活"调整"图层的"三维图层"功能，在第 0 处设置其"位置"中的 Z 轴为 -500，并激活关键帧记录器；之后将"摄像机"图层的父对象设置为"调整"，如图 8-6 所示；最后在第 10 秒处设置"调整"图层的"位置"中的 Z 轴为 50，如图 8-7 所示。

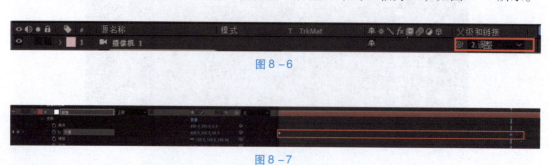

图 8-6

图 8-7

步骤06：渲染并输出动画，最终效果如图8-8所示。

图8-8

8.1.2 三维空间概述

在 After Effects 制作中，如果涉及影视方面的特效制作，普通的二维图层可能已经满足不了基本的设计需求了，而 After Effects 中有一套较为完善的三维系统可以创建三维图层、摄像机和灯光等拟真功能，从而使作品具有更强的视觉表现力。

在三维空间中，"维"是一种度量单位，表示方向，空间分为一维、二维和三维，如图8-9所示。

对于三维空间，可以从多个不同的视角观察其空间结构，如图8-10所示。随着视角的变化，同样一个物体的不同景深之间产生了空间错位。

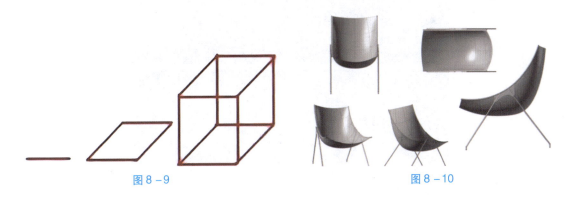

图8-9   图8-10

After Effects 提供的三维图层和专业的三维软件虽然功能略有差别，但在 After Effects 的三维空间系统中，图层与图层之间同样可以利用三维景深的属性来产生前后遮挡的效果，其自身也具备了接收和投射阴影的功能。因此，通过调整三维图层，也可以调整成特别的样式，如图8-11所示。

同时，对于一些较复杂的三维场景，用户可以将专业三维软件（如 Maya、3ds Max 等）与 After Effects 进行结合，用来展示出更好的效果，如图8-12所示。

图 8 – 11

图 8 – 12

8.1.3　开启三维图层

如需将二维图层转换为三维图层，可以激活图层后面的"3D 图层"按钮，如图 8 – 13 所示。也可以通过执行上方"图层"菜单中的"3D 图层"命令来完成，如图 8 – 14 所示。

图 8 – 13

图 8－14

技巧小贴士：

在 After Effects 中，除了音频图层与维度属性无关以外，其他图层都可以转换为三维图层，并且如果激活了文字图层的"启用逐字 3D 化"属性，还可以为单个文字制作三维动画效果。转换为三维图层后，会增加一个"Z 轴"旋转属性和一个"材质选项"属性，如图 8－15 所示。

图 8－15

8.1.4　三维图层的坐标系统

在 After Effects 的三维坐标系中，用户在操作三维图层对象时，可以根据轴向来对物体进行定位，而"工具"面板中共有 3 种定位三维对象坐标的工具来供设计师使用，如图 8－16 所示。

图 8－16

1. 本地轴模式

"本地轴模式"采用的是对象自身的表面作为对齐的依据，如图 8－17 所示。如果当前选择对象与世界坐标系不一致，可以调节"本地轴模式"的轴向，使其坐标对齐世界坐标系。其中，红色轴代表 X 轴，绿色轴代表 Y 轴，蓝色轴代表 Z 轴。

演示图片素材

图 8－17

2. 世界轴模式

"世界轴模式"基于空间中的绝对坐标系进行对齐，无论如何旋转三维图层，基坐标轴始终对齐于三维空间的三维坐标系，并且坐标轴本身不会发生方向的改变，延伸方向也始终不变，如图 8 – 18 所示。

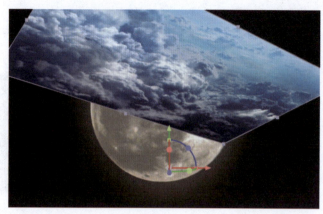

星球旋转 – 素材 – 地球

星球旋转 – 太阳素材

图 8 – 18

3. 视图轴模式

"视图轴模式"对齐于用户进行观察的视图轴向。在此模式下，如果在一个自定义视图中对一个三维图层进行了旋转操作，在此之后，还对该图层进行了各种变换操作，该图层的轴向仍然垂直于对应的视图。

对于摄像机视图和自定义视图，由于它们同属于透视图，所以，开启后，还可以像在三维软件中那样观察各个视角的实时图像，但是如果没有激活，那么只有 X、Y 两个轴向，如图 8 – 19 所示。

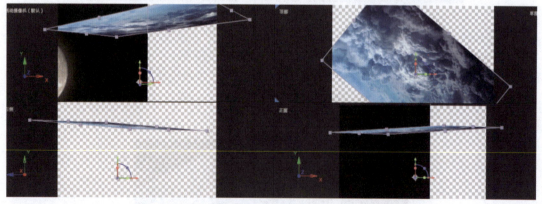

图 8 – 19

在上方的面板中单击"视图"菜单，即可打开相应的对话框，从而进行相应的设置，如图 8 – 20 所示。

如果要更方便地使用三维空间参考坐标系，则可以单击"合成"面板下方的"选择网格和参考线选项"，从下拉列表中选择"3D 参考轴"选项来设置三维参考坐标，如图 8 – 21 和图 8 – 22 所示。

图 8 –20

图 8 –21

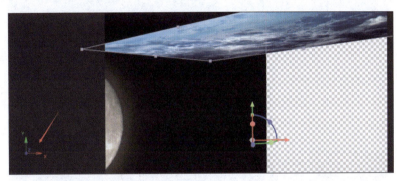

图 8 –22

8.1.5 三维图层的基本操作

1. 移动三维图层

用户在三维空间中如果要移动三维图层，方法主要有以下两种。

第 1 种：在"时间轴"面板中可以对对应图层中的"位置"属性进行调节，如图 8 –23 所示。

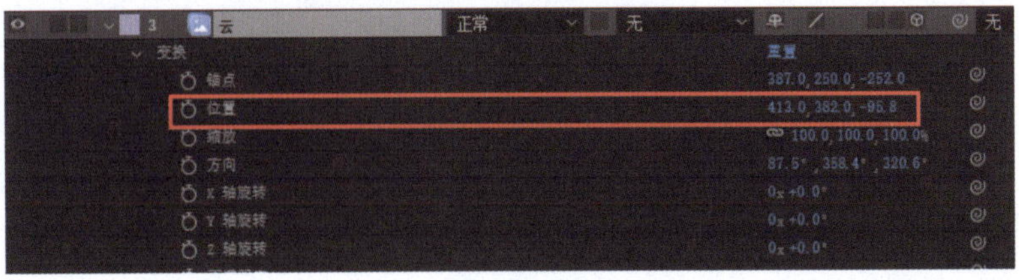

图 8 –23

第 2 种：单击"合成"→"选取工具"，可以直接在三维图层的轴向移动三维图层，如图 8 –24 所示。

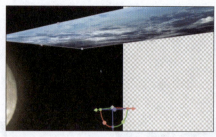

图 8 - 24

2. 旋转三维图层

按快捷键 R，即可展开三维图层的"旋转"属性，其中可操作的参数包括"方向""X 轴旋转""Y 轴旋转""Z 轴旋转"4 个，如图 8 - 25 所示。

图 8 - 25

旋转三维图层的方法主要有以下两种。

第 1 种：在"时间轴"面板对应图层的"旋转"属性中，可以直接对三维图层的"方向"属性和"旋转"属性进行调节，如图 8 - 26 所示。

图 8 - 26

通过调节"方向"属性的值或者"旋转"属性的值来旋转三维图层，都是以图层的"轴心点"作为基点来旋转图层的。这两种属性在其本质上也稍有不同，使用"方向"属性制作的动画可以产生更加自然平滑的旋转过渡效果，而使用"旋转"属性制作的动画可以更精确地控制旋转的过程。

第 2 种：在上面的"工具"面板中找到"旋转工具"，并且在后面的下拉菜单中可以选择"方向"或"旋转"两种方式对三维图层进行旋转操作，如图 8 - 27 所示。

图 8 - 27

8.1.6　三维图层的材质属性

图层转换为三维图层后，除了会新增"Z 轴"维度属性外，还会在图层下拉菜单的最下方增加一个"材质选项"属性，该属性主要用来设置三维图层与灯光系统之间的关系，如图 8 - 28 所示。

图 8 - 28

但是需要注意一点，即只有在场景中已经使用了灯光类效果，这些属性才起作用，如果没有灯光效果，则此下拉菜单中的选项无效。

属性详解：

投影：决定三维图层是否投射阴影，如图 8 - 29 所示。

图 8 - 29

透光率：设置物体接受光照后的透光程度，在图层中如果存在半透明物体，那么此属性可以用来体现半透明物体在灯光下的照射效果。当透光率设置为 0% 时，物体的阴影颜色不受影响；随着透光率的增加，影响越来越大，如图 8 - 30 所示。

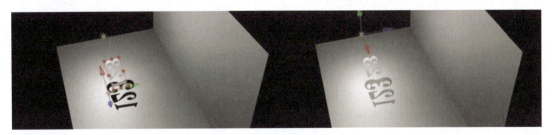

图 8 - 30

接受阴影：设置物体是否接受其他物体的阴影投射效果，如图 8 - 31 所示。

接受灯光：设置物体是否接受光的影响。

环境：设置物体受环境光影响的程度，但是只有在三维空间中存在环境光时才会生效。

漫射：调整灯光漫反射的程度。

镜面强度：调整图层镜面反射的强度。

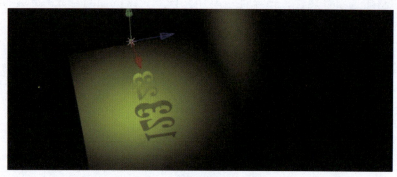

图 8-31

镜面反光度：设置图层镜面反射的区域，其值越小，区域就越大。

金属质感：调节镜面反射光的颜色，基值为 0% 时，为灯光颜色，此值越高，越接近材质本身。

8.2 灯光系统

在介绍完三维图层的材质属性后，结合材质属性，可以让灯光影响三维图层的表面颜色，并且可以为三维图层创建阴影效果。

本节知识思维导引见表 8-2。

表 8-2

分类	内容	重要性
灯光	了解灯光的基本概念	★★★★★
灯光的创建、属性与类型	了解如何创建灯光，并掌握其基本属性和基本类型	★★★★★

8.2.1 课堂案例——墙面聚光灯

素材位置：实例文件\CH08\课堂案例——聚光灯效果\（素材）

实例位置：实例文件\CH08\课堂案例——聚光灯效果 . aep

案例描述：在实际制作特效的过程中，如果需要创建某些特定效果或者场景等素材，有可能会使用到灯光属性。它能为场景提供不同的氛围和表现形式。本案例综合应用灯光属性进行制作，制作效果如图 8-32 所示。

聚光灯效果 - 素材

墙面聚光灯效果录屏

难易指数：★★★★★

任务实施：

步骤 01：启动 After Effects 2022，导入学习资源中的"实例文件\CH08\课堂案例——聚光灯效果 . aep"文件，然后在"项目"面板中双击"灯光"加载该合成，如图 8-33 所示。

步骤 02：在"时间轴"面板中找到"背景"合成，双击进入，并开启其中两个图层的"三维图层"属性，然后把"背景图 1"图层的"材质选项"属性下的"投影"打开，把

图 8 -32

图 8 -33

"接受灯光"关闭，如图 8 - 34 所示。接着把"背景图 2"图层的"方向"设置为（200.0°，0.0°，0.0°），如图 8 -35 所示，并且关闭"材质选项"属性下的"接受阴影"和"接受灯光"。

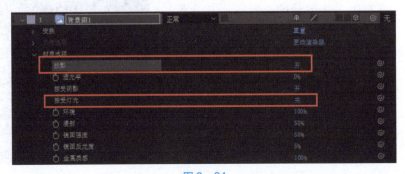

图 8 -34

图 8－35

步骤 03：对"树 1"和"树 2"中的图层进行如上一步所示的操作，然后激活"树 1""树 2""树 3"的"三维图层"和"折叠变换"属性，如图 8－36 所示。

图 8－36

步骤 04：开启"背景层灯光效果"合成，在其中的"地面"图层中打开其"三维图层"属性，并将"位置"中的 Z 坐标设置为 -25.0，"方向"设为（200.0°,0.0°,0.0°），并关闭"材质选项"属性下的"接受灯光"属性，如图 8－37 所示。

图 8－37

步骤 05：在"聚光灯效果"合成中右击，在弹出的菜单中新建一个灯光图层，设置"灯光类型"为聚光，"颜色"为白色，"强度"为 100%，"锥形角度"为 135°，"锥形羽化"为 55%，然后勾选"投影"选项，设置"阴影深度"为 50%，"阴影扩散"为 80 px，最后单击"确定"按钮，如图 8－38 所示。

步骤 06：选择上一步创建的灯光图层，设置"位置"为（650.0,333.0,1 500.0），如图 8－39 所示。

步骤 07：打开合成中的"空 1"图层的"三维图层"属性，在第 0 帧处设置"位置"坐标为（-1 200.0,500.0,200.0），并激活关键帧，然后在第 5 秒处设置"位置"为（500,400,0），如图 8－40 所示。

步骤 08：在合成中的空白位置右击，在弹出

图 8－38

图 8 –39

图 8 –40

的菜单中选择"新建"→"摄像机",创建一个摄像机图层,并将胶片大小设置为 30 毫米,如图 8 –41 所示。然后在第 0 帧处将"位置"设为（0.0,0.0,–300.0）,并将它的父对象设置为上一步中的"空对象",如图 8 –42 所示。

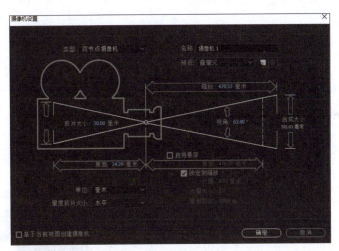

图 8 –41

图 8 –42

步骤 09：渲染并输出动画,最终效果如图 8 –43 所示。

图 8 -43

8.2.2 创建灯光

在软件上方找到"图层"按钮，执行"新建"→"灯光"命令或按快捷键 Ctrl + Alt + Shift + L 就可以创建灯光，如图 8 -44 所示。

图 8 -44

8.2.3 属性与类型

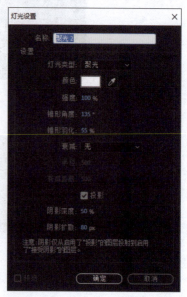

执行"新建"→"灯光"命令或按快捷键 Ctrl + Alt + Shift + L，打开"灯光设置"对话框，在该对话框中可以设置灯光的类型、强度、锥形角度和锥形羽化等相关参数，如图 8 -45 所示。

参数详解：

名称：设置灯光图层的名称。

灯光类型：设置灯光的类型。

颜色：设置灯光照射的颜色。

强度：设置灯光的光照强度，数值越大，光照越强。

锥形角度：选择"聚光"后才可以调整该参数，主要用来设置遮挡的范围。

锥形羽化：选择"聚光"后才可以调整该参数，用来调节有光区与无光区边缘的过渡效果。

半径：设置灯光照射的范围。

图 8 -45

投影：控制灯光是否投射阴影。必须勾选三维图层的"材质"选项，属性才能起作用。

阴影深度：设置阴影的投射深度。

阴影扩散：设置"聚光"和"点"灯光下阴影的扩散程度。

1. 平行光

"平行光"类似于自然界中的太阳光，相当于太阳光通过设定方向进行 360 度照射且不受距离的限制，任何被照射的物体都能产生均匀的光照效果，如图 8 – 46 所示。

图 8 – 46

2. 聚光灯

"聚光灯"类似于舞台聚光灯的光照效果，即从光源处产生一个圆锥形的照射范围，像是手电筒照射出的光。"聚光灯"具有方向性，但其阴影效果更柔和，如图 8 – 47 所示。

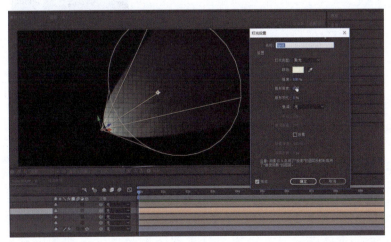

图 8 – 47

3. 点光源

"点光源"以某一点出发，并以 360 度的全角范围向四周照射，且会随着光源和照射对象之间距离的增大而发生衰减。"点光源"不能产生无光区，但是可以产生柔和的阴影效果，如图 8 – 48 所示。

图 8 – 48

4. 环境光

"环境光"没有发射点，没有方向性，且不能产生投影效果，在实际效果制作中通常用来调节整个画面的环境，如图 8 – 49 所示。

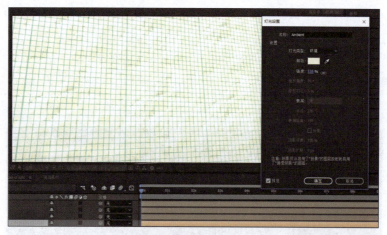

图 8 – 49

8.2.4　灯光的移动

在创建灯光图层后，如果想对灯光的位置进行修改，则可以通过调节灯光图层的"位置"和"目标点"来设置灯光的照射方向与范围。除了使用直接调节参数以及移动基坐标轴的方法外，还可以通过直接拖动灯光的图标来自由移动其位置，如图 8 – 50 所示。

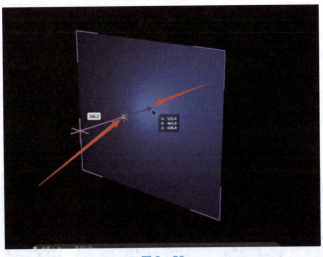

图 8 - 50

8.3　摄像机系统

在 After Effects 的合成中，通过右击，在弹出的菜单中选择"创建"，摄像机便可以创建摄像机图层，而它的用途便是自由观察三维图层的效果。

本节知识导引见表 8 - 3。

表 8 - 3

名称	学习目标	重要程度
摄像机	了解摄像机的基本概念	★★★★★
摄像机的创建和属性设置	掌握摄像机的创建方法和属性的设置	★★★★★
摄像机基本控制	掌握操控摄像机的方法	★★★★★

8.3.1　创建摄像机

在操作部面板上方单击"图层"菜单，执行"新建"→"摄像机"命令或按快捷键 Ctrl + Alt + Shift + C，创建一个摄像机，如图 8 - 51 所示。

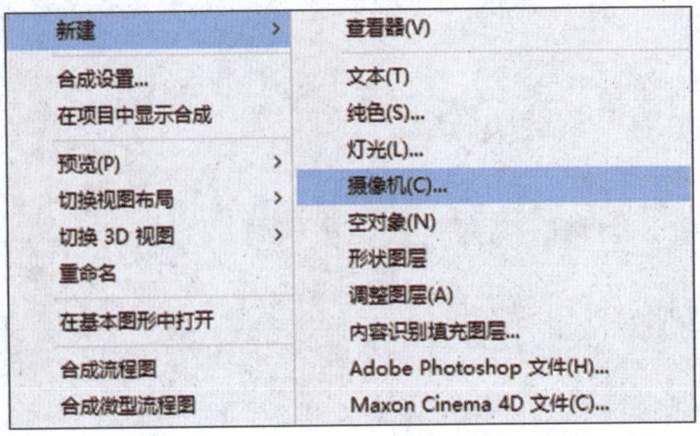

图 8 - 51

在 After Effects 中，摄像机是以图层的方式被引入合成的，如此可以在一个合成项目中对同一场景使用多台摄像机来进行观察和渲染，如图 8 – 52 所示。

如果要使用多台摄像机进行多视角展示，可以通过在同一个合成中添加多个摄像机图层来完成。

当一个场景中使用了多台摄像机时，在"合成"面板中可以将当前视图设置为"活动摄像机"视图，并且"活动摄像机"视图显示的是当前图层中最上面的摄像机，如图 8 – 53 所示。

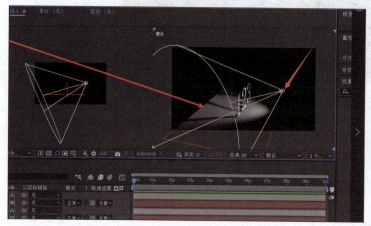

图 8 –52

图 8 –53

8.3.2　摄像机的属性设置

在执行创建摄像机图层的命令后，首先会打开"摄像机设置"对话框，通过该对话框可以设置摄像机的基本属性，如图 8 – 54 所示。

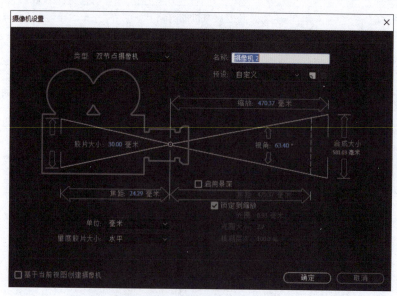

图 8 –54

参数详解：

名称：设置摄像机图层的名称。

预设：设置摄像机的镜头类型。

单位：设置摄像机参数的单位。

量度胶片大小：设置衡量胶片尺寸的方式。

缩放：设置摄像机镜头与摄像平面之间的大小。

距离：设置摄像机镜头与对象之间的距离，即变焦设置。

视角：设置摄像机的视角。在实际摄像中，"焦距""胶片大小""缩放" 3 个参数共同决定了"视角"的数值。

胶片大小：设置影片模拟感光元件（底片）的尺寸。

启用景深：控制是否启用景深效果。

焦距：设置摄像机与图像最清晰时物体所在位置的距离。

光圈：设置光圈的大小。"光圈"值越大，景深之外的区域的模糊程度就越高。

光圈大小："焦距"与"光圈"的比值，且"光圈大小"与"焦距"成正比，与"光圈"成反比。

技巧小贴士：

在使用其他三维软件（如 3ds Max、Maya 等）时，软件中的摄像机会有目标摄像机和自由摄像机之分，但是在 After Effects 中，摄像机只有一种，且创建的是目标摄像机，因为它有"目标点"属性，如图 8 – 55 所示。

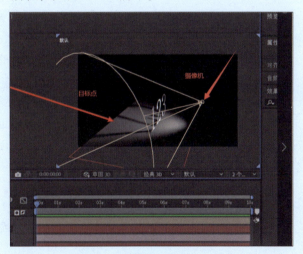

图 8 – 55

在实际操作软件中的摄像机时，需要同时调节摄像机的位置和摄像机目标点的位置才能获得更好的展示效果。使用 After Effects 中的摄像机跟踪物体在不规则轨迹上运动，如图 8 – 56 所示。如果只使用摄像机位置和摄像机目标点位置来制作关键帧动画，那么将很难让摄像机跟随物体同步运动，难免会出现偏差。此时便是自由摄像机引入的时候，可以与带有轨迹的"空对象"建立"父子关系"，从而使目标摄像机变成自由摄像机。

新建一个摄像机图层和一个空对象图层，为空对象图层添加三维属性，并将摄像机图层设置为空对象图层的子图层，如图 8 – 57 所示，这样就创建了一台自由摄像机。此时只需要

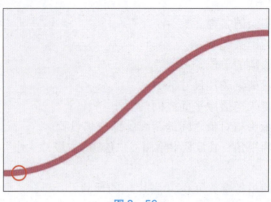

图 8 – 56

调整空对象图层的"位置"和"旋转"属性，就可以控制摄像机的方位。

图 8 – 57

8.3.3　摄像机的基本控制

1. 位置与目标点

在摄像机图层中，可以通过调节"位置"和"目标点"属性来设置摄像机的拍摄目标与拍摄范围。在移动摄像机时，除了调节参数以及移动坐标轴以外，还可以通过拖曳其图标的方法来移动。另外，摄像机的"目标点"主要起到定位摄像机的作用，使其照射的主体确定。在默认情况下，"目标点"的位置在合成的中央，同样可以使用上述方法调节目标点的位置。

在使用"选取工具"移动摄像机时，不仅摄像机会改变位置，此时目标点也会随之发生移动；如果只想改变摄像机位置且保持目标点位置不变，可以在使用"选取工具"时按住 Ctrl 键，此时将只会移动摄像机而不会移动目标点。

2. 摄像机工具组

在 After Effects 中使用摄像机进行制作时，同时还有 3 种摄像机工具供使用，如图 8 – 58 所示。需要说明的是，只有在合成中有三维图层和三维摄像机时，摄像机移动工具才能起作用。

图 8 – 58

工具详解：

绕光标旋转工具：控制摄像机以鼠标单击的地方为中心进行旋转。

在光标下移动工具：控制摄像机以鼠标单击的地方为原点进行平移。

向光标方向推拉镜头工具：控制摄像机以鼠标单击的地方为目标进行推拉。

3. 自动定向

在二维图层中，还有"自动定向"的功能，此功能不仅可以使三维图层在运动过程中保持路径的方向，还可以使其在运动过程中始终朝向摄像机，如图 8－59 所示。

图 8－59

选中需要进行"自动定向"设置的三维图层，单击上方的"图层"菜单，执行"变换"→"自动定向"命令或按快捷键 Ctrl + Alt + O，打开"自动方向"对话框。在该对话框中选择"定位于摄像机"选项，即可使三维图层在运动过程中始终朝向摄像机，如图 8－60 所示。

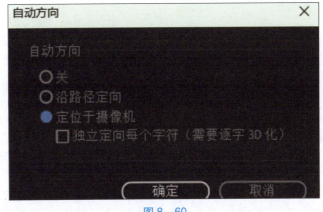

图 8－60

参数详解：

关：不使用自动定向功能。

沿路径定向：设置三维图层自动朝向运动的路径。

定位于摄像机：设置三维图层自动朝向摄像机或灯光的目标点，如图 8－61 所示。如果不选择该选项，摄像机就变成了自由摄像机。

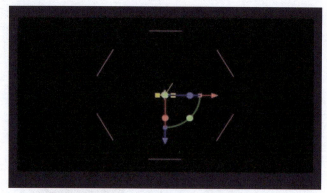

图 8 −61

8.4 课后习题——翻书效果制作

素材位置：实例文件\CH08\课后习题——翻页效果制作\（素材）

实例位置：实例文件\CH08\课后习题——翻页效果制作 . aep

案例描述：本案例可以通过前文中提到的摄像机与灯光指令而展示出书页翻篇的特殊效果，此效果在转场等效果制作时广泛应用。制作效果如图 8 −62 所示。

难易指数：★★★★★

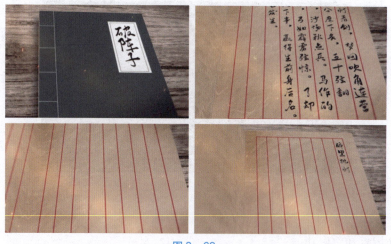

图 8 −62

过程提示：

步骤 01：打开学习资源中的"实例文件\CH08\课后习题——翻页效果制作 . aep"文件，然后在"项目"面板中双击"翻页效果"加载该合成。

步骤 02：将"封面""文本 1""文本 2"3 个素材依照从上到下的顺序放在"调色"图层和"古籍书页"图层之间，适当调整其基础属性，使 3 个图层中上面的图层正好可以遮住下面的图层。

步骤 03：新建一个空对象图层，并且开启三维属性，在上面添加 Y 轴上从 0°到 180°的关键帧动画，然后将"封面"和"纸张 1"的锚点位置设置在它们的左边缘处，将这两个图层的对象设置为空对象图层。

步骤 04：新建一个摄像机，并添加一个向左运动的关键帧动画，使书打开后还能位于镜头中央。

步骤 05：在"纸张 1"和"纸张 2"上添加"效果"面板中的"CC Light Sweep（扫光）"效果，并且通过调节其属性，使其成为书页中间的阴影。

本章总结

在使用 After Effects 中进行效果制作时，经常会出现案例中的文本效果，或者颇具文艺气息的转场效果等，而这些效果自然少不了本章中的"光"以及"摄像机"功能的加持，尤其是"摄像机"与"空对象"的结合更为这个功能画龙点睛。

熟练掌握摄像机功能后，在制作 After Effects 效果时，适当运用此功能便可制作出非常精良的效果，由此可见摄像机功能的重要性。

熟练掌握本章知识内容，不仅可以加深对软件和效果制作的理解，还可以在日后的工作学习中制作出更好、更精良的效果。

第9章

色彩修正

本章导读

为什么要进行色彩修正？答案很简单，画面是数字影像艺术重要的表达方式。

但在影片的前期拍摄中，拍摄的画面由于受到一些客观因素的影响而与真实效果相比有一定的偏差。为了从形式上更好地配合影片内容的表达，需要设计师对画面进行颜色校正及对画面色彩进行艺术化加工处理，准确地运用色彩，从"意象""意境"等方面更大化地渲染情绪，提高作品主题的表现力。

譬如越来越体现东方美学与文化传承的渐中式"诗意美"，或于鲜亮色彩中寻求协调与平衡，或追求的是"随类赋彩""以色达意"的色彩意象，均潜移默化地在画面中融入视觉符号和影片意境，使画面既符合大众审美需求，又展现中式美学。

学习目标

知识目标：了解色彩的基础知识与运用，了解 AE 软件色彩修正组的主要滤镜，掌握 AE 软件 3 个核心滤镜和内置常用滤镜的特效使用效果。

能力目标：能够掌握色彩修正滤镜的基本参数设置，能够掌握色彩调整的基本技巧和方法。

素养目标：培养学习者具备基本审美感知力、技术表现力和色彩校正的能力。

9.1 色彩的基础知识

在视觉艺术作品的制作中，不同的色彩带来不同的心理感受，也会形成各种独特的氛围和意境。在拍摄过程中，由于受到自然环境、拍摄设备及摄像水平等因素的影响，拍摄的画面与真实效果及艺术表现效果之间有一定的差异，这就需要对画面进行色彩校正，最大限度地还原色彩的本来面目。此外，导演有时候会根据影片的情节、氛围或意境提出色彩上的要求，因此设计师需要根据要求对画面色彩进行处理。

色彩的调整会引发情绪的变化，也可以改变节目或者影片的风格。冷色调的画面给观众带来冰冷、冷静的感官刺激。暖色调与残酷现实画面的对比，可以增加视觉的冲击力。色调会在无形间影响观众的观赏情绪，对影片整体或者局部进行色彩的调整也可以间接完成对观众的心理性引导，同时可以提升画面的整体质感。

本节知识导引见表 9 – 1。

表 9 – 1

	分类	内容	重要性
图层操作	色彩的分类	掌握无彩色系、有彩色系、特别色系的具象分类	★ ★ ★ ★ ★
	色彩空间	掌握色相环上颜色的体现	★ ★ ★ ★
	色系及配色技巧	掌握一个色相（主色调）和与之相关联的互补色、相对色或者同类色关系	★ ★ ★

一、色彩的分类

1. 无彩色系

无彩色系是指黑和白，以及各种纯灰色。试将纯黑逐渐加白，使其由黑、深灰、中灰、浅灰直到纯白，分为 11 个阶梯，明度渐变。从最亮的白色开始，依次为白、亮灰、浅灰、亮中灰、中灰、浅中灰、灰、暗灰、浅黑灰、黑灰、黑等。

2. 有彩色系

无彩色有明有暗，表现为白、黑，也称色调。彩色表现很复杂，但可以用三组值来确认。其一是彩调，也就是色相；其二是明暗，也就是明度和亮度；其三是色强，也就是纯度和彩度。这就是色彩的三个属性。

3. 特别色系

在实际运用中，还有一类色彩在使用时的效果不同于以上两种色彩，具有特殊性，被称为特别色，比如金色、银色、荧光色。此类色彩的提出，是为了适应现代设计和印刷的发展，丰富设计师的表现方式和设计效果。

二、色彩空间

1. 24 色相环

色相环是指一种以圆形排列的色相光谱，有 10 色、12 色、16 色、24 色、48 色等多种表现形式。以红、黄、蓝为三主色，由红色和黄色产生间色——橙，黄色与蓝色产生间色——绿，蓝色与红色产生间色——紫，组成 6 色相。在这 6 个色相中，每两个色相分别再调出 3 个色相，便组成最为常用的 24 色相环，如图 9 – 1 所示。

2. 色立体

色立体是借助三维空间来表示色相、纯度、明度的概念。目前比较通用的色立体有三种：孟塞尔色立体、奥斯特瓦德色立体、日本研究所的色立体，应用最广泛的是孟塞尔色立体，如图 9 – 2 和图 9 – 3 所示。

三、色系及配色技巧

任何一个色相都可以作为主色（主色调），与其他色相组成互补色、对比色、邻近色或者同类色关系的色彩组织。

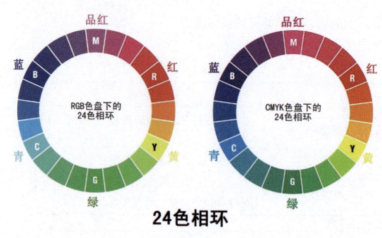

24色相环

图 9-1

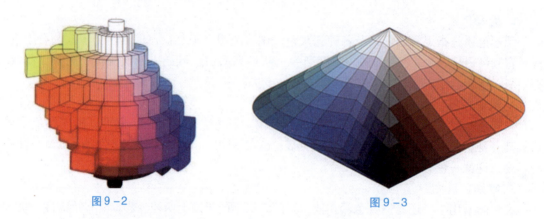

图 9-2   图 9-3

（1）原色：最基本的色彩，即红、绿、蓝三原色。按照一定比例将原色混合，能产生其他颜色。

（2）次生色：混合任意的邻近的原色，得到一种新的颜色，即为次生色。

（3）三次色：由原色和二次色混合而成的颜色。在色相环中处于原色和二次色之间。

（4）类似色：色相环中相距45°左右，或者彼此相距两个数位的两个色相，互为类似色。将同类色进行组合，对比较弱，色相分明，是极为协调和单纯的色彩搭配。

（5）邻近色：色相环中相距90°左右，或者彼此相距三四个数位的两个色相，互为邻近色。将同类色进行组合，色相间色彩倾向近似，冷色组和暖色组的近似色对比比较明显，色调统一和谐，感情一致。

（6）三色组：色相环中相距135°左右，或者彼此相距五六个数位的两个色相，互为三色组。将三色组色彩进行组合，对比效果较强，色彩鲜明、活泼，各色相互排斥，给人一种紧张感。

（7）互补色：色相环中相距180°左右的两个色相，互为互补。互补色是对比最强烈的色彩组合，给人视觉刺激，并且产生不安定感。搭配不恰当，容易产生生硬、浮夸、急躁的效果。互补色配色容易营造强弱分明的氛围，影响这种配色方案效果的最大因素在于所选颜色在整体画面中所占的比例。

（8）分离互补色：色相环上的左边或右边的色相进行组合。进行互补色的搭配，明确主色与次色之间的关系并进行调和，通过改变色彩的有序排列方式，从而使色彩达到和谐的效果。

9.1.1　课堂案例——去色保留效果

素材位置：实例文件\CH09\课堂案例——去色保留效果\（素材）

实例位置：实例文件\CH09\课堂案例——去色保留效果.aep

案例描述：作品中为了达到突出局部而弱化整体的效果，图像素材整体采用黑白色调但局部保留彩色信息，是影视作品中经常出现的镜头效果设计。本案例中"警示牌"因与宿舍楼楼体颜色相近而并不突出。在 AE 中使用"保留颜色效果"的命令，将原有暖色调的墙体进行了颜色饱和度的弱化，"警示牌"的色彩与之相比更加醒目。本案例制作的效果如图 9–4 所示。

难易指数：★★

图 9–4

任务实施：

步骤 01：启动 After Effects 2022，打开"实例文件\CH09\课堂案例——去色保留效果.aep"，导入学习素材包中的"实例文件\CH09\课堂案例——去色保留效果.aep"文件，双击"项目"面板，加载学习素材包中的"去色视频"素材，如图 9–5 所示。

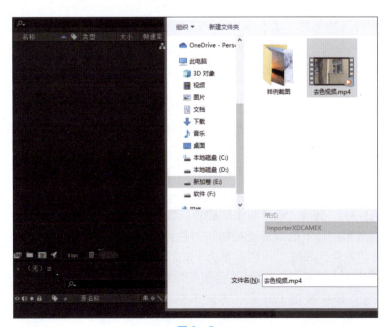

图 9–5

步骤02：选择导入后的视频，拖动到下方时间轴上，此时将自动生成一个与素材名称相同的合成，如图9－6所示。

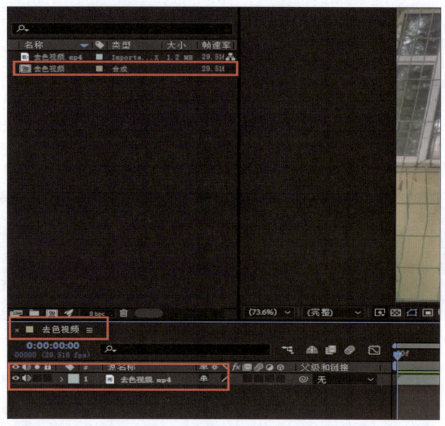

图9－6

步骤03：将时间轴上的"去色视频"图层通过使用快捷键 Ctrl + C（复制）、Ctrl + V（粘贴）的方式复制一层。单击上方的图层，右击，重命名为"去色视频－蒙版"，以方便后续操作。单击工具栏中的"钢笔工具"，绘制一个可完全包括视频中警示牌的蒙版，如图9－7所示。

步骤04：单击标签前的箭头，展开蒙版选项，单击蒙版前标签位置箭头，然后单击蒙版路径前的按钮，激活该蒙版的动画关键帧，给蒙版添加关键帧，使视频中的警示牌全部包括在蒙版中，如图9－8所示。

步骤05：打开右侧"效果"栏，在上方的搜索框内输入"色相/饱和度"，将搜索到的效果拖动到上一步绘制的蒙版图层上（注：是放在图层上，而不是放在蒙版上），如拖动后左侧显示"效果控件"窗口，则说明添加成功，如图9－9所示。

步骤06：在效果控件中把"通道控制"一栏设置为黄色，将通道范围调整至如图9－10所示的范围，将"黄色饱和度"一栏调整为－80。

步骤07：单击"效果控件"中的"色相/饱和度"效果，按快捷键 Ctrl + C 复制，单击"去色视频"图层，按快捷键 Ctrl + V 将效果粘贴过去，把效果中的"通道控制"改为"主"，把"主饱和度"调整为－80，如图9－11所示。

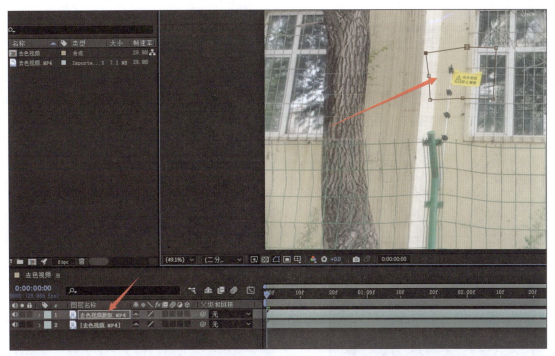

图 9 - 7

图 9 - 8

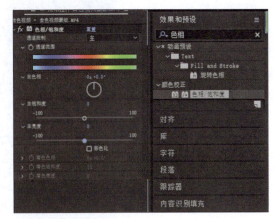

图 9 - 9

图 9-10   图 9-11

步骤 08：将鼠标置于时间轴左侧，右击，在弹出的菜单中选择"新建"。在副菜单中选择"调整图层"，此时可以看到最上方增加了一个名为"调整图层"的图层。返回右边的效果栏。在搜索框中搜索"曲线"，将搜到的"曲线"效果拖至调整图层上，在通道中选择"RGB"，调整"RGB"曲线，效果如图 9-12 所示。

步骤 09：在效果栏中搜索"色相/饱和度"，将搜到的效果拖至"去色视频-蒙版"图层上，将通道设置为"黄色"，调整"黄色饱和度"为 32，"黄色亮度"为 -5，如图 9-13 所示。

步骤 10：按快捷键 Ctrl + M 进入"渲染"界面，调整参数、格式并输出视频，如图 9-14 所示。

步骤 11：最终效果如图 9-15 所示。

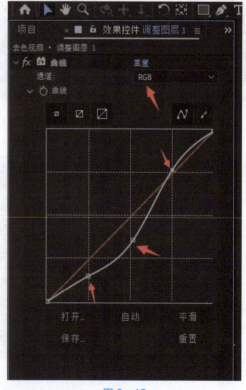

图 9-12

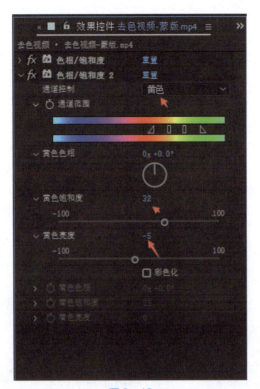

图 9 - 13

图 9 - 14

图 9 - 15

9.1.2　色彩模式

色彩修正是后期合成中必不可少的步骤之一，在学习色彩修正之前，必须首先了解常用的色彩模式有哪些。

1. HSB 色彩模式

在日常生活中，之所以能够准确说出各种颜色，得出某种色彩过于艳丽或者灰暗等结论，是因为颜色具有色相、饱和度、明度这 3 个基本属性，也正是因为色相、饱和度和明度的存在，一个物体的色彩才会丰富起来。

HSB 色彩模式是基于人眼的一种颜色模式，是普及型设计软件中常见的色彩模式。其中，H 代表色相；S 代表饱和度；B 代表亮度。

（1）色相 H（Hue）：色相是色彩的首要特征，是区别各种不同色彩的最准确的标准。当调色的时候，如果说"这个画面偏绿一点"，或者说"把这个模特的红色帽子调为橘黄色"，其实调整的都是色相。在 0°～360°的标准色相环上，按照角度值标识，比如红是 0°、橙色是 30°等。图 9 - 16 所示是同一个物体在不同色相下的对比效果。

图 9 - 16

（2）饱和度 S（Saturation）：饱和度又叫纯度，指的是颜色的鲜艳程度、纯净程度。饱和度越高，颜色越鲜艳；饱和度越低，颜色越偏向灰色。饱和度用百分比来表示，当饱和度为 0 时，画面变为灰色。图 9 - 17 所示为同一画面在不同饱和度下的对比效果。

图 9 - 17

（3）亮度 B（Brightness）：也叫作色彩明度，是指物体颜色的明暗程度，通常用 0（黑）～100%（白）来度量。明度越高，颜色越明亮；明度越低，颜色越暗。图 9 - 18 所示是同一画面在不同明度下的对比效果。

2. RGB 色彩模式

RGB（红、绿、蓝）色彩模式是工业界的一种颜色标准，是通过对红（Red）、绿（Green）、蓝（Blue）三个颜色通道的变化以及它们相互之间的叠加来得到各式各样的颜色的。这个标准几乎包括了人类视力所能感知的所有颜色，是运用最广的色彩模式之一。

图 9 – 18

打开拾色器，当 RGB 数值为（255,0,0）时，表示该颜色是纯红色，如图 9 – 19 所示；当 RGB 数值为（0,255,0）时，表示该颜色是纯绿色，如图 9 – 20 所示。

图 9 – 19

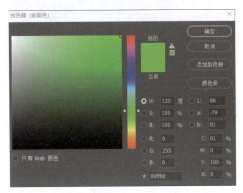

图 9 – 20

当 RGB 的 3 种色光混合在一起的时候，3 种色光的最大值可以产生白色，而且它们混合形成的颜色一般比原来的颜色亮度值高，因此称这种模式为加色模式。

当 RGB 的 3 种色光的数值相等时，混合得到的是纯灰色。数值越小，灰色程度越偏向黑色，呈现出深灰色；数值越大，灰色程度越偏向白色，呈现出浅灰色，如图 9 – 21 和图 9 – 22 所示。

图 9 – 21

图 9 – 22

3. CMYK 色彩模式

CMYK 也称作印刷色彩模式，顾名思义，就是用来印刷的。

CMY（青色、品红、黄色）是印刷的三原色。理论上，当 CMY 数值均为 100% 时，是可以调配出黑色的，但实际的印刷工艺却无法调配出非常纯正的三色油墨。为了将黑色印刷得更漂亮，于是在印刷中专门生产了一种黑色油墨，用英文"Black"来表示，简称 K，所以印刷原色为四色，而不是三色。在印刷中，通过油墨浓淡的不同配比来产生不同的颜色，它是按照 0~100% 来划分的。打开拾色器，当 CMY 数值为 (0,0,0) 时，得到的是白色，如图 9-23 所示。原则上，当 CMY 数值为 (100,100,100) 时，这 3 种颜色融合到一起后得到的就是黑色，但此时得到的黑色并不是纯黑色，如图 9-24 所示。

图 9-23

图 9-24

由于青色、品红和黄色 3 种油墨按照不同配比混合时，颜色的亮度会越来越低，因此这种色彩模式称为减色模式，如图 9-25 所示。

9.1.3　位深度

位深度也被称为像素深度或者色深度，即一个像素中每个颜色通道的位数，它是显示器、数码相机和扫描仪等设备使用的专业术语。

计算机通常用 2 的次方来描述一个数据空间，通常情况下，图像一般都用 8 bit，即 2^8 来进行量化，这样每个通道就是 256 种颜色。在普通的 RGB 图像中，每个通道都用 8 bit 来进行量化，即 $256 \times 256 \times 256$，约 1 678 万种颜色。

图 9-25

计算机之所以能够显示颜色，是因为采用了一种称作"位"（bit）的计数单位来记录所表示颜色的数据。在制作高分辨率项目时，为了表现更加丰富的画面，通常使用 16 bit 高位量化的图像。此时每个通道的颜色用 2^{16} 进行量化，这样每个通道有高达 65 000 种颜色信息，比 8 bit 图像包含更多的颜色信息，所以它的色彩会更加平滑，细节也会非常丰富。

技巧小贴士：

要想获得更高的色彩质量，例如电影级别的项目，建议将位深度设置为 32 bit，32 bit 图像被称为 HDR（高动态范围）图像，它的文件信息和色调比 16 bit 图像丰富很多。

9.2 核心滤镜

After Effects 的"颜色校正"滤镜组中提供了很多色彩修正滤镜,"曲线""色阶""色相/饱和度"这 3 个滤镜覆盖了色彩修正的绝大部分需求,是使用频率最高的滤镜,掌握并合理运用它们是非常必要的。

本节知识导引见表 9 – 2。

表 9 – 2

	分类	内容	重要性
"颜色校正"滤镜组	"曲线"滤镜	精准完成图像局部、整体对比度、色彩范围的调整	★★★★★
	"色阶"滤镜	通过直方图调整图像色彩范围或色相平衡等,同时可以扩大图像动态范围	★★★★
	"色相/饱和度"滤镜	调整图像色调、亮度和饱和度	★★★★

9.2.1 课堂案例——冷暖色调转换

素材位置:实例文件\CH09\课堂案例——冷调转暖调\(素材)

实例位置:实例文件\CH09\课堂案例——冷调转暖调.aep

任务描述:画面中冷暖色调常常用于表达情绪、营造氛围。例如,暖色调画面会让人感觉到暖和、舒服,而冷色调给人一种安静、平和、寒冷的感觉。通过运用色彩修正技术调整画面色彩倾向,本案例的前后对比效果如图 9 – 26 所示。

难易指数:★★

图 9 – 26

任务实施:

步骤 01:启动 After Effects 2022,打开"实例文件\CH09\课程案例——冷暖色调转换.aep",打开学习资料中的"实例文件\CH09\课堂案例——冷调转暖调.aep"文件,双击"项目"面板,加载学习素材包中的"冷改暖"图片素材,如图 9 – 27 所示。

步骤 02:选择导入后的图片,拖到下方时间轴上,此时自动生成一个与素材名相同的

图 9 –27

合成，如图 9 – 28 所示。

步骤 03：单击"冷改暖.jpg"图层，在右侧"效果"搜索栏中搜索"自然饱和度"，将搜索到的效果拖到"冷改暖.jpg"图层上，在"效果控件"中调整效果参数，将"自然饱和度"调整为 40，"饱和度"设置为 25，如图 9 – 29 所示。

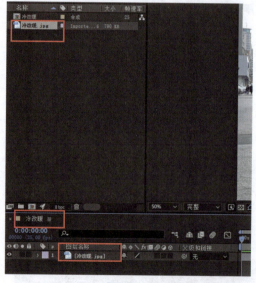

图 9 – 28

图 9 – 29

步骤 04：单击选中"冷改暖.jpg"图层，在右侧"效果"搜索栏中搜索"可选颜色"，将搜索到的效果拖到"冷改暖.jpg"图层上。选择左上角的"效果控件"，单击"细节"一栏前方的箭头，在下拉菜单中找到青色，单击青色前的箭头，然后将此下拉菜单中的"青色"调整为 –80%、"洋红色"调整为 80%、"黄色"调整为 35%、"黑色"调整为 –40%，如图 9 – 30 所示。

步骤 05：单击选中"冷改暖.jpg"图层，在右侧"效果"搜索栏中搜索"曲线"，将搜索到的效果拖到"冷改暖.jpg"图层上。然后在左上角的"效果控件"中，将最上方"通道"一栏改为红色，调整曲线，效果如图 9 – 31 所示。

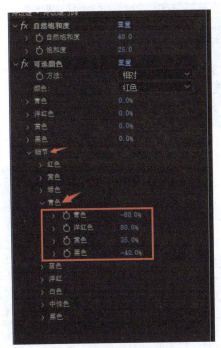

图 9-30

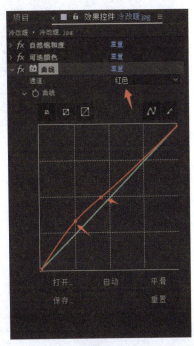

图 9-31

步骤06：单击选中"冷改暖.jpg"图层，再次将效果栏中的"曲线"效果拖到"冷改暖.jpg"图层上，以获得一个新的"曲线"效果。在左上角的"效果控件"中，把最上方"通道"一栏改为"RGB"，把曲线调整为如图9-32所示的效果。

步骤07：按快捷键 Ctrl + M 进入"渲染"界面，调整参数和格式并渲染，如图9-33所示。

步骤08：最终效果如图9-34所示。

9.2.2 "曲线"滤镜

使用"曲线"滤镜可以在一次操作中就精确地完成图像整体和局部的对比度、色调范围及色彩的调节，在进行色彩修正时，可以获得更多的自由度。如果想让整个画面明朗一些，细节表现更加丰富，暗调反差拉开，那么"曲线"滤镜是绝佳的选择。

执行"效果"→"颜色校正"→"曲线"菜单命令，在"效果控件"面板中展开"曲线"滤镜的属性，如图9-35所示。

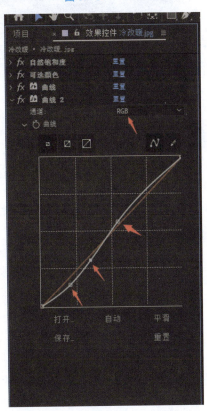

图 9-32

图 9－33

图 9－34

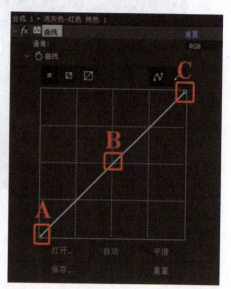

图 9－35

曲线左下角的端点 A 代表暗调（黑场），中间的过渡点 B 代表中间调（灰场），右上角的端点 C 代表高光（白场）。曲线的水平轴表示输入色阶，垂直轴表示输出色阶。曲线初始状态的色调范围显示为 45°的对角基线，因为输入色阶和输出色阶是完全相同的。曲线往上移动是加亮，往下移动是减暗，加亮的极限是 255，减暗的极限是 0。"曲线"滤镜与 Photoshop 中的"曲线"命令的功能极其相似。

参数详解：

- 通道：选择需要调整的色彩通道。
- 曲线：通过调整曲线的坐标或绘制曲线来调整图像的色调。
- 切换：设置切换操作区域的大小。
- 曲线工具：使用该工具可以在曲线上添加节点。
- 添加的节点：如果要删除节点，只需要将选择的节点拖曳到曲线之外即可。
- 铅笔工具：使用该工具可以在坐标图上任意绘制曲线。
- 打开：打开保存好的曲线，也可以打开 Photoshop 中的曲线文件。
- 自动：自动修改曲线，增加应用图层的对比度。
- 平滑：使用该工具可以将曲线变得更加平滑。
- 保存：将当前的色调曲线储存起来，以便以后重复利用。
- 重置：将曲线恢复到默认的直线状态。

9.2.3　"色阶"滤镜

1. 关于直方图

直方图用图像的方式来展示视频的影调构成。一张 8 bit 通道的灰度图像可以显示 256 个灰度级，因此灰度级可以用来表示画面的亮度层次。

对于彩色图像，可以将彩色图像的 R、G，B 通道分别用 8 bit 的黑白影调层次来表示，而这 3 个颜色通道共同构成了亮度通道。对于带有 A 通道的图像，可以用 4 个通道来表示图像的信息，就是通常所说的 "RGB + Alpha" 通道。在图 9－36 中，直方图表示在黑与白的 256 个灰度级别中，每个灰度级在视频中有多少个像素。从图中可以直观地发现整个画面偏暗，所以在直方图中可以观察到绝大部分像素都集中在 0～128 个级别中，其中，0 表示黑色，255 表示白色。

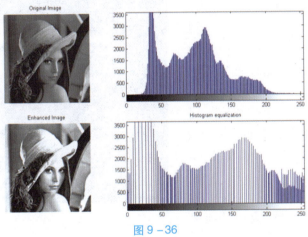

图 9－36

通过直方图，可以很容易地观察到视频画面的影调分布。如果一张照片中有大面积的偏暗色，那么它的直方图的左边肯定分布很多峰状波形，如图 9－37 所示。如果一张照片中出现大面积的偏亮色，那么它的直方图的右边肯定分布了很多峰状波形，如图 9－38 所示。

图 9－37

图 9－38

直方图除了可以显示图片的影调分布外，还可以显示画面上阴影和高光的位置。当使用"色阶"滤镜调整画面影调时，直方图可以用来寻找高光和阴影，以提供视觉上不方便看到的线索。

> **技巧小贴士：**
>
> 用户通过直方图还可以很方便地辨别出视频的画质，如果直方图中间出现了缺口，就表示对这张图片进行了多次操作，导致图片品质受到严重损害。

2. "色阶"滤镜

"色阶"滤镜用直方图描述出整张图片的明暗信息。在"色阶"滤镜中，用户可以通过调整图像的阴影、中间调和高光的关系，来调整图像的色调范围或色彩平衡等。另外，使用"色阶"滤镜可以扩大图像的动态范围（动态范围是指相机能记录的图像的亮度范围），提高对比度等。

执行"效果"→"颜色校正"→"色阶"菜单命令，在"效果控件"面板中展开"色阶"滤镜的参数，如图 9 – 39 所示。

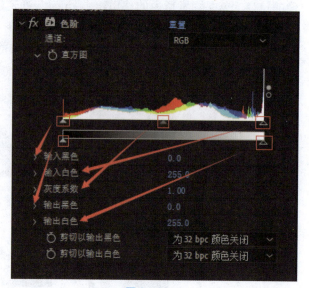

图 9 – 39

参数详解：

● 通道：设置滤镜要应用的通道，可以选择 RGB "红色" "绿色" "蓝色" 通道进行单独的色阶调整。

● 直方图：通过直方图，可以观察到各个色调的像素在图像中的分布情况。

● 输入黑色：控制输入图像中的黑色阈值。

● 输入白色：控制输入图像中的白色阈值。

● 灰度系数：调节图像阴影和高光的相对值。

● 输出黑色：控制输出图像中的黑色阈值。

● 输出白色：控制输出图像中的白色阈值。

如果不对"输出黑色"和"输出白色"数值进行调整，在调整色阶参数时，如只单独调整"灰度系数"数值，而对"输出黑色"和"输出白色"数值不调整，则当"灰度系数"滑块向右移动时，图像的暗调区域将逐渐增大，而高亮区域将逐渐减小，如图 9 – 40 所示；当"灰度系数"滑块向左移动时，图像的高亮区域将逐渐增大，而暗调区域将逐渐减小，如图 9 – 41 所示。

图 9－40

图 9－41

9.2.4 "色相/饱和度"滤镜

"色相/饱和度"滤镜是一个功能非常强大的图像颜色调整工具，它不仅可以改变色相和饱和度，还可以改变图像的亮度。执行"效果"→"颜色校正"→"色相/饱和度"菜单命令，在"效果控件"面板中展开"色相/饱和度"滤镜的参数，如图9-42所示。

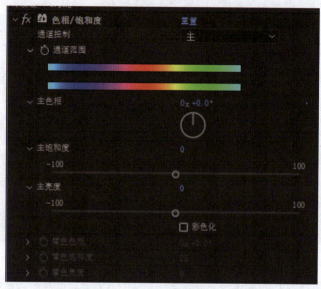

图9-42

参数详解：

- 通道控制：控制受滤镜影响的通道。默认设置为"主"，表示影响所有通道；如果选择其他通道，通过"通道范围"选项可以查看通道受滤镜影响的范围。
- 通道范围：显示通道受滤镜影响的范围。
- 主色相：控制所调节颜色通道的色调。
- 主饱和度：控制所调节颜色通道的饱和度。
- 主亮度：控制所调节颜色通道的亮度。
- 彩色化：控制是否将图像设置为彩色图像。
- 着色色相：将灰度图像转换为彩色图像。
- 着色饱和度：控制彩色化图像的饱和度。
- 着色亮度：控制彩色化图像的亮度。

技巧小贴士：

在"主饱和度"参数中，数值越大，饱和度越高；反之，饱和度越低。其数值范围为 -100 ~ 100。

在"主亮度"参数中，数值越大，亮度越高；反之，亮度越低。其数值范围为 -100 ~ 100。

9.3　其他常用滤镜

本节将对"颜色校正"滤镜组中其他常见的滤镜进行讲解，主要包括"颜色平衡""色光""色调""曝光度"等滤镜。这些滤镜对于色彩的调节也是十分重要的。

本节知识导引见表 9 – 3。

表 9 – 3

	分类	内容	重要性
"颜色校正"滤镜	颜色平衡	调整红、绿、蓝三种颜色的色彩平衡	★★★★★
	色光	将选择的颜色映射到素材上及用选择的素材进行替换	★★★★
	色调	对图层着色，可以将每个像素的颜色值替换为指定的颜色的具体数值	★★★★
	曝光度	对素材进行色调调整	★★★★

9.3.1　课堂案例——复古场景

素材位置：实例文件\CH09\课堂案例——复古场景\（素材）

实例位置：实例文件\CH09\课堂案例——复古场景.aep

案例描述：在本案例中，将通过运用 AE 软件的色彩修正技术，调整画面色彩，营造出一种怀旧复古的风格。本案例制作前、后的对比效果如图 9 – 43 所示。

难易指数： ★ ★ ★

图 9 – 43

任务实施：

步骤01：打开学习资源包中的"实例文件\CH09\课堂案例——复古场景 . aep"文件，然后加载"街景"合成，如图9-44所示。

步骤02：选择"街景"图层，在图层上创建一个调整图层，命名为"亮度"，选择"亮度"图层，执行"效果"→"颜色校正"→"曲线"菜单命令，将RGB曲线调整为如图9-45所示形状。

图9-44

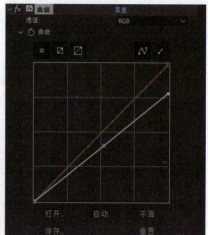

图9-45

步骤03：将通道选择为"红色"，将红色曲线调整为如图9-46所示形态。

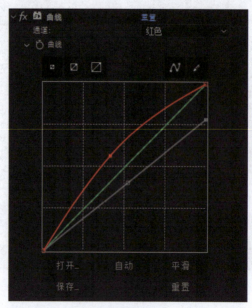

图9-46

步骤 04：将通道选择为"蓝色"，将蓝色曲线调整为如图 9-47 所示形状。

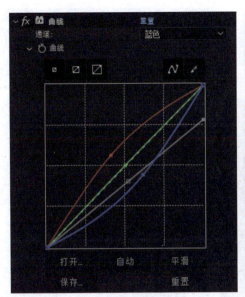

图 9-47

步骤 05：选择"亮度"图层，执行"效果"→"颜色校正"→"色相/饱和度"，将主饱和度调整为 -70，如图 9-48 所示。观察画面，原来较为浓郁、跳跃的色调变得沉稳，但墙体一侧的霓虹灯颜色依然比较突出。

图 9-48

步骤 06：继续调整"亮度"图层中的"效果控件"参数，将"色相/饱和度"通道控制选择为"洋红"，将其饱和度调整为"-40"，亮度调整为"-37"，降低场景中霓虹灯光的颜色饱和度，最终效果如图 9 - 49 所示。

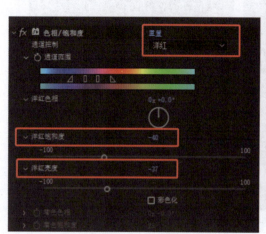

图 9 - 49

9.3.2 "颜色平衡"滤镜

"颜色平衡"滤镜独立调整红、绿、蓝三种颜色的色彩平衡。具体来说，是依靠控制红、绿、蓝三种颜色在高光、阴影和中间调之间的比重来控制图像的色彩的，非常适用于精细调整图像的高光阴影和中间色调，如图 9 - 50 所示。

图 9 - 50

执行"效果"→"颜色校正"→"颜色平衡"菜单命令，在"效果控件"面板中展开"颜色平衡"滤镜的参数，如图 9 – 51 所示。

参数详解：

● 阴影红色/绿色/蓝色平衡：在暗部通道中调整颜色的范围。

● 中间调红色/绿色/蓝色平衡：在中间调通道中调整颜色的范围。

● 高光红色/绿色/蓝色平衡：在高光通道中调整颜色的范围。

● 保持发光度：保留图像颜色的平均亮度。

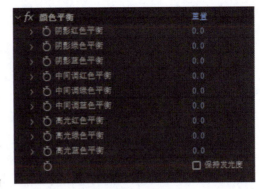

图 9 – 51

9.3.3　"色光"滤镜

"色光"是一种功能强大的效果滤镜，简单来说，它可以将选择的颜色映射到素材上，还可以选择素材进行替换，甚至可以用黑白映射来抠像。

具体来说，可以先将指定颜色属性转换为灰度，然后将灰度值重映射到一次或多次循环的指定输出调色板。一次循环的输出调色板将显示在"输出循环"色轮上。黑色像素会映射到此色轮的颜色上；浅灰色会逐渐映射到围绕此色轮顺时针旋转的连续颜色上。

执行"效果"→"颜色校正"→"色光"菜单命令，在"效果控件"面板中展开"色光"滤镜的参数，如图 9 – 52 所示。

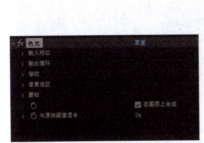

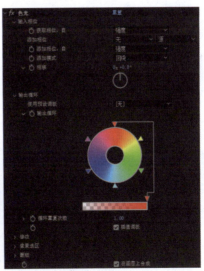

图 9 – 52

参数详解：

● 输入相位：设置色光的特性和产生色光的图层。

● 获取相位，自：选择使用哪种属性用作输入的颜色。如果选择"零"，就使用其他图层的颜色属性。

● 添加相位：用作输入的第二个图层。

- 添加相位，自：在第二个图层中用哪种属性作为输入的颜色。
- 添加模式：指定色光的添加模式。
- 相移："输出循环"轮上输入颜色映射开始的点。
- 输出循环：设置色光的样式。通过"输出循环"色轮来调节色彩区域的颜色变化。
- 使用预设调板：输出循环的预设。最上面的调色板适用于快速颜色校正和任务调整，下面的选项为各种内置的调色板。
- 循环重复次数：将输入颜色范围映射到的"输出循环"的迭代次数。
- 插值调板：如果取消勾选该选项，系统将以 256 色在色轮上产生色光。
- 修改：在其下拉列表中可以指定一种影响当前图层色彩的通道。
- 像素选区：指定色光在当前图层上影响像素的范围。
- 匹配颜色：指定匹配色光的颜色。
- 匹配容差：指定匹配像素的容差。
- 匹配柔和度：指定选择像素的柔化区域，使受影响的区域与未受影响的区域产生柔化的过渡效果。
- 匹配模式：设置颜色匹配的模式，如果选择"关"模式，系统将忽略像素匹配而影响整个图像。
- 蒙版：指定一个蒙版层，并且可以为其指定蒙版模式。
- 与原始图像混合：设置当前效果图层与原始图像的融合程度。

9.3.4 "色调"滤镜

色调效果可对图层着色，可以将每个像素的颜色值替换为"将黑色映射到"和"将白色映射到"指定的颜色之间的值，如图 9-53 所示。

图 9-53

执行"效果"→"颜色校正"→"色调"菜单命令，在"效果控件"面板中展开"色调"滤镜的参数，如图 9-54 所示。

参数详解：

将黑色映射到：用于将图像中的黑色替换成指定的颜色。

图 9 – 54

将白色映射到：用于将图像中的白色替换成指定的颜色。

着色数量：设置染色的作用程度，0 表示完全不起作用，100% 表示完全作用于画面。

9.3.5 "曝光度"滤镜

使用曝光度效果可对素材进行色调调整，一次可调整一个通道，也可调整所有通道，其参数如图 9 – 55 所示。

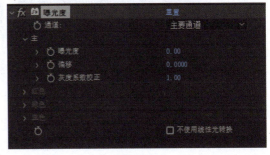

图 9 – 55

参数详解：

● 通道：指定通道的类型，包括"主要通道"和"单个通道"两种类型。"主要通道"选项用来一次性调整整体通道，"单个通道"选项用来对 RGB 通道中的各个通道进行单独调整。

● 主："主"选项下方有"曝光度""偏移""灰度系数校正"3 个子选项。

曝光度：模拟捕获图像的摄像机的曝光设置，将所有光照强度值增加一个常量。

偏移：通过对高光所做的最小更改，使阴影和中间调变暗或变亮。

灰度系数校正：设置图像整体的灰度值。

● 红色、绿色、蓝色：分别用来调整 RGB 通道的"曝光度""偏移""灰度系数校正"的数值。只有设置"通道"为"单个通道"时，这些参数才会被激活。

● 不使用线性光转换：选择此选项可将曝光度效果应用到原始像素值。

9.4 课后习题——变换的花朵

素材位置： 实例文件\CH09\课后习题——变换的花朵\（素材）

实例位置： 实例文件\CH09\课后习题——变换的花朵 . aep

练习目标： 通过对"色相/饱和度"等滤镜的综合运用，完成花朵颜色的变化，效果如图 9 – 56 所示。

难易指数： ★ ★

过程提示：

步骤 01：打开学习资源中的"实例文件\CH09\课后习题——变换的花朵 . aep"文件，然后加载"变换的花朵"合成。将"花朵"图层复制两份并置于底层，将这两个图层放入一个新建的预合成，接着在这个合成中使用遮罩将树的部分和其他部分分开，观察独显顶层的"花朵"图层效果。

图 9−56

步骤02：分别对这两个图层使用"色相/饱和度"等滤镜进行调色。

步骤03：为"花朵"图层添加"过渡"→"CC Image Wipe（图像擦除）"效果，并为其 Completion（完成度）设置一个从 0 到 100% 的关键帧动画。

本章总结

　　画面作为影片最重要的基本要素，画面的色彩表达方式不一样，会使影片内容发生非常大的改变。通过色彩校正知识，通过运用 After Effects 中的色彩调整滤镜，可以产生不同的色彩校正效果。调整画面的色调、色相、亮度和对比度等，可以自由调整画面的色彩，使其更好地配合影片内容的表达，使画面能够更适合主题的表现力。这也是制作高质量视频的重要环节。

第 10 章

抠像技术

本章导读

抠像是指将画面中的某一种颜色作为透明色，将它从画面中抠去，从而使背景透出来，形成两层画面的叠加合成，不同景物叠加的神奇艺术效果。正是因为这种功能，抠像成为影视拍摄制作中的常用技术。

抠像的好坏首先取决于前期拍摄的源素材，如果拍摄的素材较好，如背景色较干净、单纯、均匀，那么一次性抠去背景色就相对容易。如果素材在拍摄时不尽如人意，如背景颜色不干净，光线不匀，人物与背景太近而留下较宽、较重的阴影等，在后期抠像时，就对技巧有一定的要求。

其次，决定抠像效果的另一个因素则是后期合成制作中的抠像技术。本章将详细介绍像滤镜组、遮罩滤镜组、Keylight 滤镜的用法及常规技巧。

学习目标

知识目标：了解抠像技术的基本原理，掌握抠像滤镜组中滤镜的用法，掌握遮罩滤镜组中滤镜的用法。

能力目标：能够运用"Keylight(1.2)"滤镜的抠像方法完成不同的抠像效果制作。

素养目标：具备利用所学知识对素材进行抠图修正的能力，具备追求设计质量、重视工作效率的职业素养。

10.1 常用抠像滤镜组

如果拍摄的视频素材背景不理想，不仅让视频作品质量大大降低，也限制了后期的艺术加工。

可以使用 After Effects 软件对视频进行抠像，对其画面移花接木，达到以假乱真，出乎意料的效果。

本节知识导引见表 10-1。

表 10 - 1

	分类	作用	重要性
常用 抠像 滤镜组	"颜色差值键"滤镜	将图像分为 A、B 两个不同蒙版来创建透明度信息	★★★★★
	"差值遮罩"滤镜	创建前景的 Alpha 通道	★★★★
	"提取"滤镜	将指定的亮度范围内的像素抠除,将其变成透明像素	★★
	"溢出抑制"滤镜	消除抠像后图像中残留的颜色痕迹或图像边缘溢出的抠除颜色	★★

10.1.1 课堂案例——绿幕抠像

宠物绿幕 – 素材　　物绿幕录屏

素材位置：实例文件\CH10\课堂案例——宠物绿幕\(素材)

实例位置：实例文件\CH10\课堂案例——宠物绿幕.aep

案例描述："颜色差值键"滤镜可以把与指定颜色相近的像素抠除,适用于背景只有单一颜色的视频素材。本案例将对视频的绿色背景进行透明化处理,这样就可以将视频的主体与其他的背景无差别地融合在一起。本案例制作前、后的对比效果如图 10 - 1 所示。

宠物绿幕 –
素材 – 草丛

难易指数：★★★

图 10 - 1

任务实施：

步骤 01：打开学习资源中的"实例文件\CH10\课堂案例——宠物绿幕.aep"文件,然后加载"宠物绿幕"合成,如图 10 - 2 所示。

步骤 02：选择"宠物"图层,然后在"效果"面板中搜索"颜色差值键",双击此效果,为选中的图层添加此效果。在左侧"效果控件"面板中单击"主色"属性后面的吸管工具,吸取"合成"面板中的背景色,如图 10 - 3 所示。

步骤 03：继续在此面板中找到"视图"选项并选择"已校正遮罩部分 A",将下方的"颜色匹配准确度"更改为"更准确",并且调节

图 10 - 2

图 10 -3

下方的"黑色区域的 A 部分"为 4，"白色区域的 A 部分"为 225，如图 10 - 4 所示。

　　步骤 04：回到此"效果控件"上方，将"视图"设置为"已校正遮罩部分 B"，并且将下方的"黑色的部分 B"设置为 50，"白色区域中的 B 部分"设置为 240，"白色区域外的 B 部分"设置为 160，如图 10 - 5 所示。

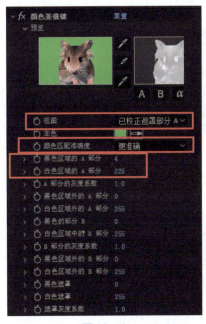

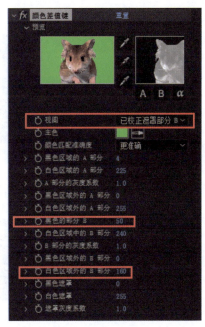

图 10 -4　　　　　　　　　　　　　　图 10 -5

　　步骤 05：回到此"效果控件"上方，将"视图"设置为"已校正遮罩"，将下方的"黑色遮罩"设置为 60，"白色遮罩"设置为 125，如图 10 - 6 所示。最后将"视图"改为"最终输出"。

　　步骤 06：继续选中"宠物"图层，然后在"效果"面板中搜索"KeyCleaner（抠像清洁器）"，双击进行添加，并将"其他边缘半径"设置为 2.5，如图 10 - 7 所示。

　　步骤 07：继续选中"宠物"图层，然后在"效果"面板中搜索"Advanced Spill Sup-

图 10 - 6

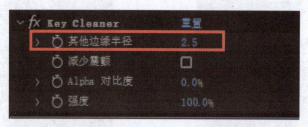

图 10 - 7

pressor（高级溢出抑制器）"，双击进行添加，添加后不需要调整参数，如图 10 - 8 所示。

图 10 - 8

步骤 08：继续选中"宠物"图层，然后在"效果"面板中搜索"简单阻塞工具"，双击进行添加，在效果面板中将此效果下的"阻塞遮罩"设置为 0.75，如图 10 - 9 所示。

图 10 - 9

步骤 09：继续选中"宠物"图层，然后在"效果"面板中搜索"曲线"，双击进行添加，将 RGB 通道的曲线调整为图 10 – 10 所示的效果，R 通道调整为图 10 – 11 所示的效果，G 通道调整为图 10 – 12 所示的效果，B 通道调整为图 10 – 13 所示的效果。

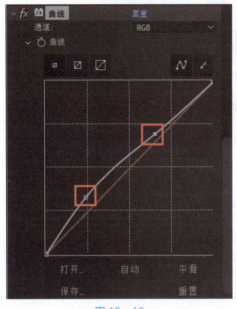

图 10 – 10

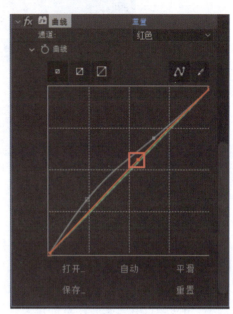

图 10 – 11

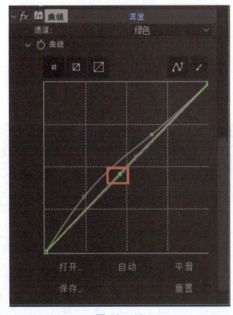

图 10 – 12

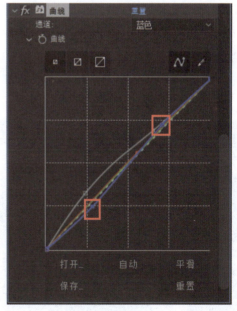

图 10 – 13

步骤 10：渲染并输出动画，最终效果如图 10 – 14 所示。

图 10 – 14

10.1.2 抠像技术简介

"抠像"一词是从早期电视制作中得来的，意思是吸取画面中的某一种颜色，将其从画面中去除，从而留下主体，形成两层画面的叠加合成。在 After Effects 中，抠像是通过定义图像中特定范围内的颜色值或亮度值来获取透明通道的，当这些特定的值被"剔除"时，所有具有相同颜色或亮度的像素都将变成透明状态。得到抠除背景的图像后，将其运用到特定的背景中，以获得镜头所需的视觉效果。例如，演员进行无实景拍摄，然后将人物单独提取出来，并且将其合成到一段用 CG 制作的神仙殿阁中，这就是影视仙侠作品中常常可以看到的镜头效果。

一般情况下，在拍摄需要抠像的画面时，都使用蓝色或绿色的幕布作为载体，因为蓝色和绿色是三原色（RGB）中的两个主要色，其颜色纯正，方便后期处理。

镜头抠像作为影视特效制作中最常用的技术之一，在电影电视中的应用极为普遍，如图 10 – 15 所示。

图 10 – 15

After Effects 抠像功能十分完善和强大，针对不同镜头的实际情况，可以选择直接通过滤镜组完成抠像，也可以配合蒙版、图层混合模式、跟踪遮罩和画笔等工具来达到更好的抠像效果，如图 10 – 16 所示。

图 10 – 16

抠像滤镜集中在"效果"→"抠像"和"效果"→"过时"子菜单中，如图 10 – 17 所示。

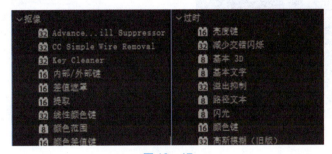

图 10 – 17

10.1.3　"颜色差值键"滤镜

"颜色差值键"滤镜可以将图像分成 A、B 两个不同起点的蒙版来创建透明度信息。"颜色差值键"滤镜可以创建出很精确的透明度信息。蒙版 A 的透明度信息则来自图像中那些只含有单一颜色的区域，蒙版 B 基于指定区域的颜色来创建透明度信息，结合蒙版 A、B 就可创建 Alpha 蒙版。"颜色差值键"滤镜适用于具有透明和半透明区域的图像，如图 10 – 18 所示。

图 10 – 18

执行"效果"→"抠像"→"颜色差值键"菜单命令，在"效果控件"面板中展开"颜色差值键"滤镜的参数，如图 10 – 19 所示。

参数详解：

- 视图：共有 9 种视图查看模式，如图 10 – 20 所示。

图 10 – 19

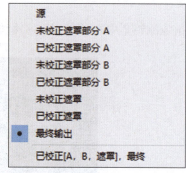

图 10 – 20

源：显示原始的素材。

未校正遮罩部分 A：显示没有修正的图像的遮罩 A。

已校正遮罩部分 A：显示已经修正的图像的遮罩 A。

未校正遮罩部分 B：显示没有修正的图像的遮罩 B。

已校正遮罩部分 B：显示已经修正的图像的遮罩 B。

未校正遮罩：显示没有修正的图像的遮罩。

已校正遮罩：显示已经修正的图像的遮罩。

最终输出：显示最终输出的结果。

已校正 [A，B，遮罩]，最终：同时显示遮罩 A、遮罩 B、已经修正的遮罩和最终输出的结果。

- 主色：设置采样拍摄的动态素材幕布的颜色。
- 颜色匹配准确度：设置颜色匹配的精度，包含"更快"和"更准确"两个选项。
- 黑色区域的 A 部分：控制 A 通道的透明区域。
- 白色区域的部分：控制 A 通道的不透明区域。
- A 部分的灰度系数：用来影响图像的灰度范围。
- 黑色区域外的 A 部分：控制 A 通道的透明区域的不透明度。
- 白色区域外的 A 部分：控制 A 通道的不透明区域的不透明度。

- 黑色的部分 B：控制 B 通道的透明区域。
- 白色区域中的 B 部分：控制 B 通道的不透明区域。
- B 部分的灰度系数：用来影响图像的灰度范围。
- 黑色区域外的 B 部分：控制 B 通道的透明区域的不透明度。
- 白色区域外的 B 部分：控制 B 通道的不透明区域的不透明度。
- 黑色遮罩：控制 Alpha 通道的透明区域。
- 白色遮罩：控制 Alpha 通道的不透明区域。
- 遮罩灰度系数：用来影响 Alpha 通道的灰度范围。

> **技巧小贴士：**
> "颜色差值键"滤镜在实际操作中的应用非常简单，在指定去除的颜色后，将"视图"模式切换为"已校正遮罩"后，修改"黑色遮罩""白色遮罩""遮罩灰度系数"参数，最后将"视图"模式切换为"最终输出"即可。

10.1.4 "差值遮罩"滤镜

"差值遮罩"滤镜的使用方法为首先将前景人物（物品）和背景同时拍摄下来，然后在保持机位不变的前提下，去掉前景人物（物体），单独拍摄背景。因为这两组拍摄画面背景部分完全相同，而前景出现的部分不同，将这些不同的部分创建 Alpha 通道，就得到了较好的抠像效果，如图 10-21 所示。

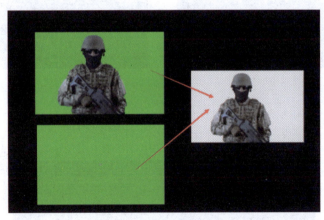

图 10-21

执行"效果"→"抠像"→"差值遮罩"菜单命令，在"效果控件"面板中展开"差值遮罩"滤镜的参数，如图 10-22 所示。

参数详解：

- 差值图层：选择用于对比的差异图层。
- 如果图层大小不同：该选项包括"居中"和"伸缩以合适"两个选项，用于对图层大小尺寸不同时进行处理。

图 10-22

● 匹配容差：用于指定匹配像素的容差。

● 匹配柔和度：指定所选像素的柔化区域，使受影响的区域与未受影响的区域产生柔和的过渡效果。

● 差值前模糊：用于模糊比较相似的像素，从而清除合成图像中的杂点。

技巧小贴士：

如果无条件采用蓝绿背景，虽然也可以采用这种手段进行拍摄，但由于光线的变化、视频的噪波等因素影响，即使机位完全固定，两次实际拍摄的效果也不会是完全相同的，所以这样得到的通道普遍来说并不纯粹，对后期合成影响较大。

10.1.5 "提取"滤镜

"提取"滤镜可以将指定的亮度范围内的像素抠除，使其变成透明像素。该滤镜适用于白色或黑色背景的素材，或前景和背景的亮度反差比较大的镜头，如图 10 – 23 所示。

图 10 –23

执行"效果"→"过时"→"提取"菜单命令，在"效果控件"面板中展开"提取"滤镜的参数，如图 10 – 24 所示。

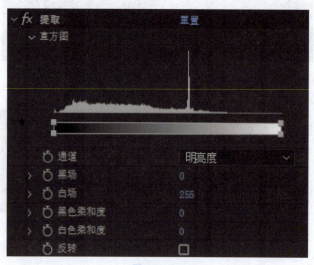

图 10 –24

参数详解：

通道：用于选择抠取颜色的通道，包括"明亮度""红色""绿色""蓝色""Alpha"5个通道。

黑场：用于设置黑色点的透明范围，小于黑色点的颜色将变为透明。

白场：用于设置白色点的透明范围，大于白色点的颜色将变为透明。

黑色柔和度：用于调节暗色区域的柔和度。

白色柔和度：用于调节亮色区域的柔和度。

反转：用于反转透明区域。

10.1.6　"溢除抑制"滤镜

一般情况下，经过抠像处理的图像都会残留部分抠除颜色的痕迹，配合使用"溢出抑制"滤镜就可以消除残留痕迹。同时，该滤镜还可以消除图像边缘溢出的抠除颜色。

执行"效果"→"过时"→"溢除抑制"菜单命令，在"效果控件"面板中展开"溢出抑制"滤镜的参数，如图 10－25 所示。

图 10－25

参数详解：

要抑制的颜色：选择需要清除图像残留的颜色。

抑制：设置抑制颜色的强度，数值越高，效果越强。

10.2　遮罩滤镜组

抠像是一门综合技术，为了达到完美的抠像效果，除了运用滤镜组本身的命令技巧外，还需要根据抠像后图像素材的实际情况，处理好图像边缘效果和背景合成时的色彩匹配效果。本节重点介绍如何利用遮罩滤镜组中的滤镜，达到理想的图像边缘的处理效果。

本节知识导引见表 10－2。

表 10－2

	分类	作用	重要性
遮罩滤镜组	"遮罩阻塞工具"滤镜	处理图像的边缘	★★★★
	"调整实边遮罩"滤镜	处理图像的边缘或控制抠除图像的Alpha 噪波干净程度	★★★★
	"简单阻塞工具"滤镜	处理较为简单或精度要求比较低的图像边缘	★★★★

10.2.1 课堂案例——无绿幕抠像

素材位置： 实例文件\CH10\课堂案例——抠像合成\（素材）

实例位置： 实例文件\CH10\课堂案例——抠像合成 . aep

任务描述： 使用"优化实边遮罩"效果，可平滑锐利或颤动的 Alpha 通道边缘，提升抠像质量。本案例制作前、后的对比效果如图 10 - 26 所示。

难易指数： ★★

堂案例——抠像　课堂案例——
合成绿幕素材　抠像合成录屏

课堂案例——抠像
合成天空云彩素材

图 10 - 26

任务实施：

步骤 01：打开学习资源中的"实例文件\CH10\课堂案例——抠像合成 . aep"文件，在"项目"面板中双击"抠像合成"加载该合成，如图 10 - 27 所示。

图 10 - 27

步骤 02：选择"鸟"图层，将其"缩放"调整为（50.0%, 50.0%），如图 10 - 28 所示。

图 10 - 28

步骤 03：继续选择"鸟"图层，然后在"效果"面板中搜索"提取"并且双击进行添加。接着在左侧"效果控件"面板中将"提取"效果中的"白场"调整为 90，如图 10 - 29

所示。

步骤 04：继续选择"鸟"图层，然后在"效果"面板中搜索"调整实边遮罩"并且双击进行添加。接着在左侧"效果控件"面板中将"调整实边遮罩"效果中的"羽化"设置为 0.0，"减少震颤"设置为 0%，如图 10－30 所示。

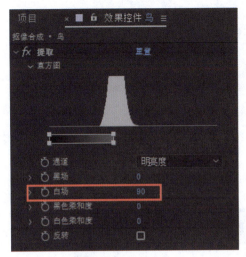

图 10－29

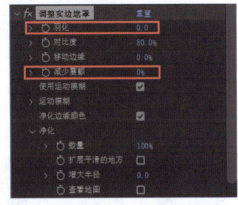

图 10－30

步骤 05：继续选择"鸟"图层，然后在"效果"面板中搜索"色调"并且双击进行添加。接着在左侧"效果控件"面板中将"色调"效果中的"将黑色映射到"设置为（20, 20, 15），如图 10－31 所示。

图 10－31

步骤 06：新建一个纯色图层并置于顶层，在上面绘制图 10－32 所示的遮罩。

图 10－32

步骤 07：将"鸟"图层的轨道遮罩设为"Alpha 反转遮罩"，如图 10－33 所示。

步骤 08：设置渲染并完成动画输出，最终效果如图 10－34 所示。

图 10 – 33

图 10 – 34

10. 2. 2 "遮罩阻塞工具"滤镜

"遮罩阻塞工具"滤镜在处理图片边缘方面的功能十分强大，如图 10 – 35 所示。

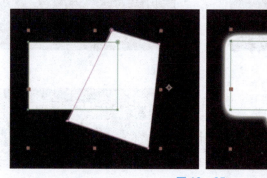

图 10 – 35

执行"效果"→"遮罩"→"遮罩阻塞工具"菜单命令，在"效果控件"面板中展开"遮罩阻塞工具"滤镜的参数，如图 10 – 36 所示。

参数详解：

几何柔和度 1：调整图像边缘的一级光滑度。

阻塞 1：设置图像边缘的一级"扩充"或"收缩"。

灰色阶柔和度 1：以"灰度模式"调整图像边缘的一级光滑度。

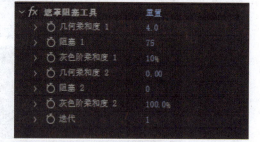

图 10 – 36

几何柔和度 2：调整图像边缘的二级光滑度。

阻塞 2：设置图像边缘的二级"扩充"或"收缩"。

灰色阶柔和度 2：以"灰度模式"调整图像边缘的二级光滑度。

迭代：控制图像边缘"收缩"的强度。

10. 2. 3 "调整实边遮罩"滤镜

"调整实边遮罩"滤镜不仅可以用来处理图像的边缘，还可以用来控制抠像的 Alpha 噪波干净程度，如图 10 - 37 所示。

图 10 - 37

执行"效果"→"遮罩"→"调整实边遮罩"菜单命令，在"效果控件"面板中展开"调整实边遮罩"滤镜的参数，如图 10 - 38 所示。

参数详解：

羽化：设置图像边缘的光滑程度。

对比度：调整图像边缘的羽化过渡。

减少震颤：设置运动图像上的噪波。

使用运动模糊：设置带有运动模糊效果的图像。

净化边缘颜色：处理图像边缘的颜色。

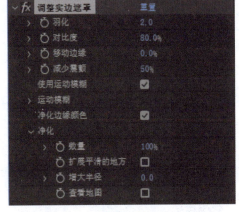

图 10 - 38

10.2.4 "简单阻塞工具"滤镜

"简单阻塞工具"滤镜相对来讲效果比较简单且直观，不太适用于处理较为复杂或精度要求比较高的图像边缘。执行"效果"→"遮罩"→"简单阻塞工具"菜单命令，在"效果控件"面板中展开"简单阻塞工具"滤镜的参数，如图 10 - 39 所示。

图 10 - 39

参数详解：

视图：设置图像的查看方式。

阻塞遮罩：设置图像边缘的"扩充"或"收缩"。

10.3　"Keylight(1.2)"滤镜

使用 Keylight 滤镜可以更轻松地抠取带有阴影、半透明或毛发的素材，让复杂的抠像能够更快捷、简单。Keylight 滤镜的 Spil I Suppression（溢出抑制）功能还可以清除抠像蒙版边缘的溢出颜色，让前景和背景更加自然地融合在一起，让抠像的效果更真实、自然。

Keylight 可以集成到 After Effects 中，也能够无缝集成到一些合成和编辑系统中，例如 Digital Fusion、Nuke、Shake 等，如图 10 - 40 所示。

本节知识导引见表 10 - 3。

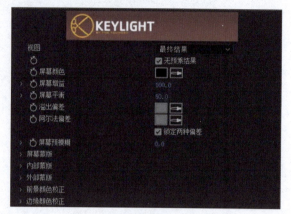

图 10 - 40

表 10 - 3

"Keylight(1.2)"滤镜	类别	作用	重要性
	基本抠像	了解如何进行基本抠像	★★★★
	高级抠像	了解如何进行高级抠像	★★★★

10.3.1　课堂案例——虚拟背景

素材位置：实例文件\CH10\课堂案例——开车背景\（素材）

实例位置：实例文件\CH10\课堂案例——开车背景 . aep

案例描述：本案例主要讲解镜头的蓝屏抠像、图像边缘处理和场景色调匹配等抠像技术的应用。制作前、后的对比效果如图 10 - 41 所示。

难易指数：★★★

开车背景录屏　　开车背景

课堂案例——开车背景素材

图 10 - 41

步骤 01：打开学习资源中的"实例文件\CH10\课堂案例——开车背景 . aep"文件，然后在"项目"面板中双击"开车背景"加载该合成，如图 10 - 42 所示。

图 10 - 42

步骤 02：选择"女孩开车"图层，将其"位置"调整为（410.5,191.0），如图 10 - 43
所示，然后在该图层上绘制图 10 - 44 所示的遮罩。

步骤 03：选择"女孩开车"图层，然后在"效果"面板中搜索"Keylight(1.2)"并且
双击进行添加，在控制面板中找到 Screen Colour（屏幕色）属性后面的工具，然后在"合
成"面板中吸取背景色，如图 10 - 45 所示。

图 10 - 44

图 10 - 45

步骤04：在控制面板中设置 View（视图）为 Combined Matte（混合蒙版），在"合成"面板中可以看到人物部分有残留的灰色，说明抠除的图像带有透明信息，抠像不彻底，如图10－46所示。为了保证抠除的图像正确，需要将人物以及车辆主体区域调整为白色，将背景调整为黑色。

图 10－46

步骤05：设置 Screen Balance（屏幕平衡）为4.0，然后在 Screen Matte（屏幕蒙版）属性组中设置 Clip Black（剪切黑色）为4.0，Clip White（剪切白色）为65.0，Screen Shrink/Grow（屏幕收缩/扩张）为－0.7，Screen Softness（屏幕柔化）为0.3，如图10－47所示，接着将 View（视图）方式改回 Final Result（最终结果）。

步骤06：选择"女孩开车"图层，然后在"效果"面板中搜索"Advanced Spil Suppressor（高级溢出抑制）"并且双击进行添加。选择"人物"图层，在"效果"面板中将"方法"改为"极致"，如图10－48所示。

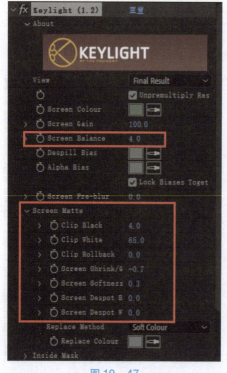

图 10－47

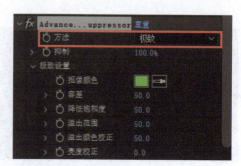

图 10－48

步骤07：选择"女孩开车"图层，然后在"效果"面板中搜索"曲线"并且双击进行添加，将"RGB"通道的曲线修改为图 10-49 所示的效果。

步骤08：渲染并输出动画，最终效果如图 10-50 所示。

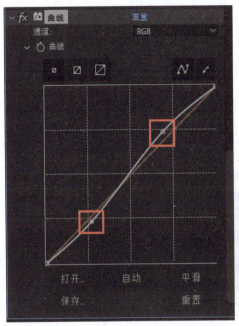

图 10-49

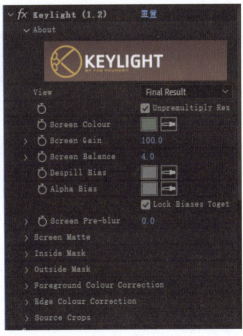

图 10-50

10.3.2　基本抠像

基本抠像的工作流程是首先设置 Screen Colour（屏幕色）参数，其次设置要选择的颜色。这时如果发现蒙版的边缘有抠除颜色溢出，则需要调节 Despill Bias（反溢除偏差）参数。为前景选择一个合适的表面颜色，如果前景颜色被抠除或者背景颜色没有被完全抠除，则需要适当调节 Screen Matte（屏幕蒙版）属性组中的 Clip Black（剪切黑色）和 Clip White（剪切白色）的参数。

执行"效果"→"抠像"→"Keylight（1.2）"菜单命令，在效果控件面板中展开"Keylight（1.2）"滤镜的参数，如图 10-51 所示。

1. View（视图）

View（视图）用来设置查看最终效果的方式，其下拉列表中提供了 11 种查看方式，如

图 10-51

图 10 –52 所示。下面将介绍 View（视图）下拉列表中的几个常用选项。

参数详解：

● Screen Matte：在设置 Clip Black 和 Clip White 时，可以将 View 方式设置为 Screen Mate，这样可以将屏幕中本来应该是完全透明的地方调整为黑色，完全不透明的地方调整为白色，而半透明的地方调整为对应的灰色，如图 10 –53 所示。

● Status（状态）：用于对蒙版效果进行夸张，放大渲染，如图 10 –54 所示。

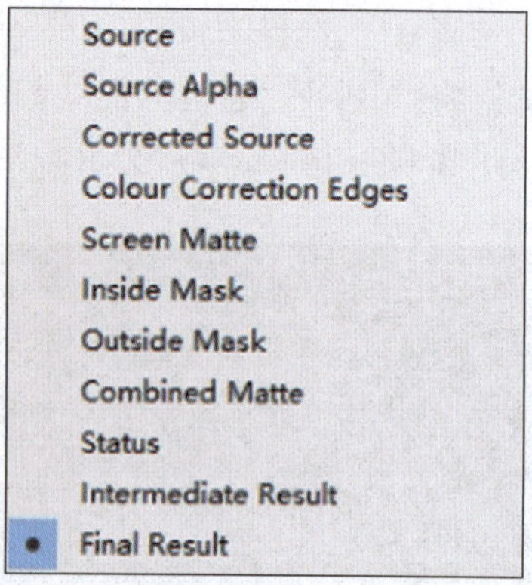

| Source |
| Source Alpha |
| Corrected Source |
| Colour Correction Edges |
| Screen Matte |
| Inside Mask |
| Outside Mask |
| Combined Matte |
| Status |
| Intermediate Result |
| ● Final Result |

图 10 –52

图 10 –53

图 10 –54

● Final Result（最终结果）：显示当前抠像的最终效果。

技巧小贴士：

Despill Bias（反溢除偏差）参数和 Alpha Bias（Alpha 偏差）参数是关联的，不管调节其中哪一个参数，另一个参数都会跟着发生相应的改变。

2. Screen Colour

Screen Colour 用来设置需要被抠除的屏幕色，可以使用该选项后面的吸管工具在"合成"面板中吸取相应的屏幕色,这样就会自动创建一个 Screen Matte,并且这个蒙版会自动抑制蒙版边缘溢出的抠除颜色。

10.3.3　高级抠像

1. Screen Colour

无论哪种抠像模式,基础或者高级,Screen Colour 都是必须设置的一个参数。使用"Keylight(1.2)"滤镜进行抠像的第一步就是使用 Screen Colour 后面的"吸管工具"对屏幕上抠除的颜色进行取样,取样的范围包括主要色调(如蓝色和绿色)与颜色饱和度。

当指定了 Screen Colour 后,"Keylight(1.2)"效果滤镜在生效时就会在整个画面中分析所有的像素,同时对这些像素的颜色和取样的颜色在色调和饱和度上进行比较,然后根据比较的结果来设定透明区域,并相应地对前景画面的边缘颜色进行修改。

技巧小贴士:

如果目标图像中像素的色相与 Screen Colour 的色相类似,并且饱和度与设置的抠像颜色的饱和度一致或更高,那么这类像素将会被全部抠除,变成完全透明的效果,如图 10 - 55 所示。

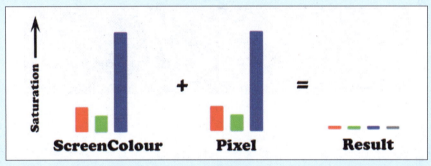

图 10 - 55

边界像素:如果目标图像中像素的色相与 Screen Colour 的色相类似,饱和度低于屏幕色的饱和度,那么这些像素就会被认为是前景的边界像素,从而使这些像素变成半透明效果,并且它的溢出颜色会被适当的抑制,如图 10 - 56 所示。

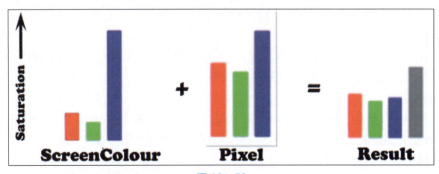

图 10 - 56

前景像素:如果目标图像中像素的色相与 Screen Colour 的色相不一致,例如在图 10 -

57 中，像素的色相为绿色，Screen Colour 的色相为蓝色，这样"Keylight（1.2）"滤镜就会将绿色作为前景颜色，并且完全被保留下来。

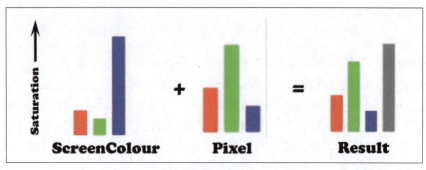

图 10 – 57

2. Screen Gain（屏幕增益）

Screen Gain 参数主要用来设置 Screen Colour 被抠除的程度，如图 10 – 58 所示。值越大，抠除的颜色就越多。

图 10 – 58

> 在调节 Screen Gain 参数时，其数值不能太小，也不能太大。一般情况下，使用 Clip Black 和 Clip White（剪切白色）两个参数来优化 Screen Matte 的效果比使用 Screen Gain 的效果要好。

3. Screen Balance（屏幕平衡）

通过在 RGB 颜色值中对主要颜色的饱和度与其他两个颜色的饱和度的加权平均值进行比较，所得出的结果就是 Screen Balance 的参数值。例如，Screen Balance 为 100% 时，Screen Colour 的饱和度占绝对优势，而其他两种颜色的饱和度几乎为 0。

4. Screen Pre – blur（屏幕预模糊）

Screen Pre – blur 参数可以在对素材进行蒙版操作前，首先对画面进行轻微的模糊处理。这种预模糊的处理方式可以减弱画面的噪点效果。

5. Screen Matte

Screen Matte 属性组主要用来微调蒙版效果，这样可以更加精确地控制前景和背景的界线。展开 Screen Matte（屏幕蒙版）属性组，如图 10 – 59 所示。

参数详解：

● Clip Black：将图层蒙版中黑色像素设置为起点值。如果背景像素的区域出现了前景像素，就可以适当增大 Clip Black 的数值，以抠除所有的背景像素，如图 10 – 60 所示。

● Clip White：将图层蒙版中白色像素设置为起点值。如果前景像素的区域出现了背景

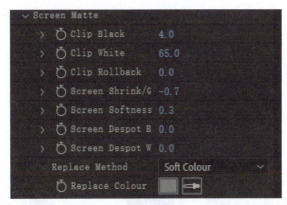

图 10 -59

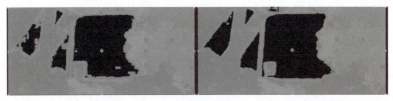

图 10 -60

像素，就可以适当降低 Clip White 的数值，以达到满意的效果，如图 10 -61 所示。

图 10 -61

● Clip Rollback（剪切削减）：在调节上述两种参数时，有时会对前景的边缘像素产生破坏，如图 10 -62（a）所示，这时就可以适当调整 Clip Rollback 的数值，对前景的边缘像素进行一定程度的补偿，即对边缘进行补偿，但是要调节得当，过分调节会失去原本的细节，如图 10 -62（b）所示。

（a）   （b）

图 10 -62

● Screen Shrink/Grow（屏幕收缩扩张）：用来收缩或扩大蒙版的范围。
● Screen Softness（屏幕柔化）：对整个蒙版进行模糊处理。

● Screen Despot Black （屏幕独占黑色）：让黑点与周围像素进行加权运算。增大其值可以消除白色区域内的黑点，如图 10 – 63 所示。

图 10 – 63

● Screen Despot White （屏幕独占白色）：让白点与周围像素进行加权运算，增大其值可以消除黑色区域内的白点，如图 10 – 64 所示。

图 10 – 64

● Replace Colour （替换颜色）：根据设置的颜色来对 Alpha 通道的溢出区域进行补救。

● Replace Method （替换方式）：设置替换 Alpha 通道溢出区域颜色的方式，共有以下4 种。

None （无）：不进行任何处理。

Source （源）：使用原始素材的像素进行相应的补救。

Hard Colour （硬度色）：对任何增加的 Alpha 通道区域直接使用 Replace Colour （替换颜色）进行补救，如图 10 – 65 所示。

图 10 – 65

Soft Colour （柔和色）：对增加的 Alpha 通道区域进行 Replace Colour 补救时，根据原始素材像素的亮度来进行相应柔化处理，如图 10 – 66 所示。

图 10 – 66

10.4 课后习题——手机屏幕替换

素材位置： 实例文件\CH10\课后习题——手机屏幕替换\（素材）
实例位置： 实例文件\CH10\课后习题——手机屏幕替换.aep
练习目标： 通过手机屏幕替换，检验对"Keylight（1.2）"滤镜的高级用法的掌握情况，效果如图 10－67 所示。
难易指数： ★★★

图 10－67

本章总结

随着影视行业的不断发展，后期制作越来越重要。抠像技术是一种至关重要的图像处理技术，是影视后期制作中使用率较高的技术之一，它让人们在后期视频编辑有了更加丰富的表现手法，为影视节目的制作提供了全新的方式。通过抠像处理，可以将图像或视频中某个部分进行分离，从而与其他元素进行组合、替换或者特效处理，提升影视后期观感。掌握并能熟练使用抠像技术，对提高影视后期处理效果具有重要意义。

第 11 章

常用内置滤镜

本章导读

滤镜在图形图像后期处理软件中是个不可或缺又极具生命力的存在，Adobe After Effects 软件可以高效且精确地创建无数种引人注目的动态图形和震撼人心的视觉效果，可以说滤镜起了非常重要的作用。除了商业开发的特效滤镜插件之外，After Effects 本身的常用内置滤镜本身就具备极其强大的功能。本章从常规实用性出发，介绍 After Effects 中的一些常用内置滤镜，其中包括"生成"滤镜组、"风格化"滤镜组、"模糊和锐化"滤镜组、"透视"滤镜组及"过渡"滤镜等。

学习目标

知识目标：了解滤镜的基本使用概念，掌握生成、风格化、模糊和锐化、透视、过渡滤镜组中滤镜的使用方法。

能力目标：能够掌握 After Effects 典型内置滤镜的基本参数设置，能够掌握运用内置滤镜调整画面效果的基本技巧和方法。

素养目标：培养学习者独立艺术风格和基本的视觉设计调整能力；思维敏锐开放，风格鲜明；有良好的创新精神与较强的学习能力。

11.1   "生成"滤镜组

"生成"滤镜组中包括 26 种类型，本节主要讲解"生成"滤镜组中的"四色渐变"滤镜和"梯形渐变"滤镜。

11.1.1　课堂案例——旋转霓虹

素材位置：无

实例位置：实例文件\CH11\课堂案例——旋转霓虹背景 . aep

案例描述：通过使用"四色渐变"滤镜，完成彩色霓虹灯通道穿越效果。本案例制作效果如图 11 –1 所示。

难易指数：★★★

图 11 - 1

任务实施：

步骤01：启动 After Effects 2022，新建一个合成，设置"合成名称"为"旋转霓虹"，"预设"为 HDTV 1080 25，"持续时间"为 10 秒，然后单击"确定"按钮，如图 11 - 2 所示。

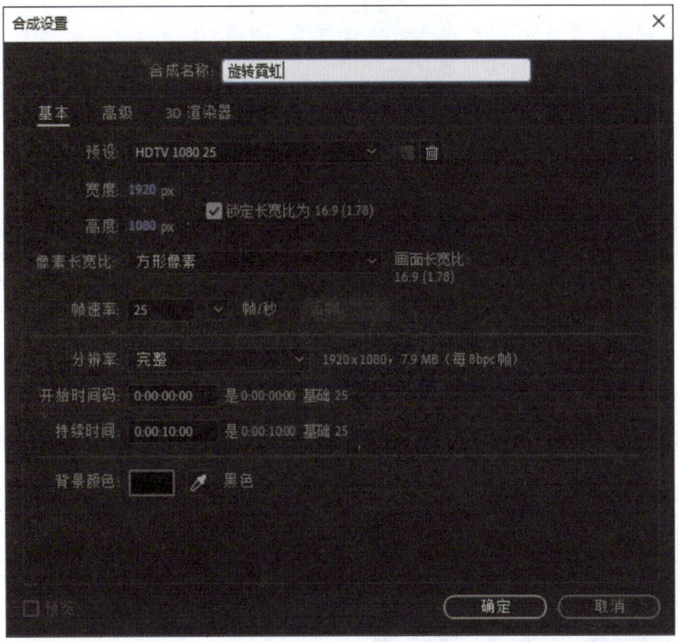

图 11 - 2

步骤02：新建一个纯色图层，然后设置名称为"地面"，执行"生成"→"四色渐变"菜单命令，接着在该效果的"位置和颜色"下，将点 1 设置为"960，100"，点 2 设置为"960，320"，点 3 设置为"960，640"，点 4 设置为"960，840"，如图 11 - 3 所示，效果如图 11 - 4 所示。

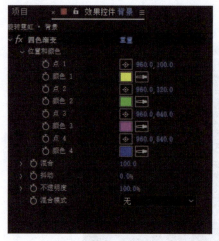

图 11 - 3

图 11 - 4

步骤 03：在"时间"面板中选中"地面"图层，使用工具栏中"矩形工具"在该图层上绘制矩形，如图 11 - 5 所示。

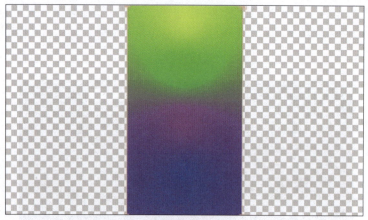

图 11 - 5

步骤 04：选择"地面"图层，打开 3D 图层开关，并在"变换"中将"X 轴旋转"调整为 90°，位置调整为"960,972,0.0"，数值如图 11 - 6 所示。效果如图 11 - 7 所示。

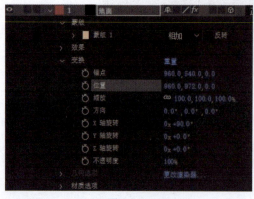

图 11 - 6

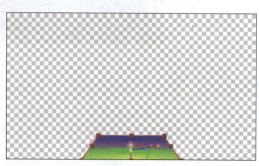

图 11 - 7

步骤 05：选择工具栏中的"矩形工具"，直接在合成窗口中绘制矩形形状，并将填充设置为"无"，描边宽度设置为 20 像素，如图 11 – 8 所示。

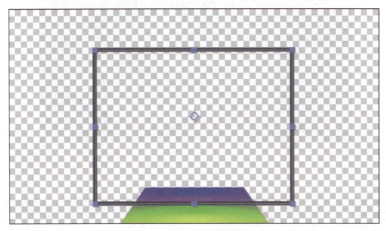

图 11 – 8

步骤 06：在"时间"面板中选择"形状图层 1"，将图层放到"地面"图层之下，并打开 3D 图层开关，如图 11 – 9 所示。

步骤 07：在"形状图层 1"上添加滤镜，单击"生成"→"四色渐变"，如图 11 – 10 所示。

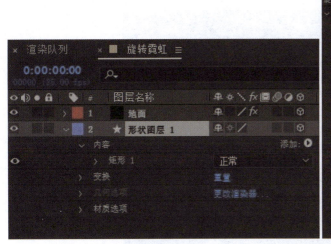

图 11 – 9

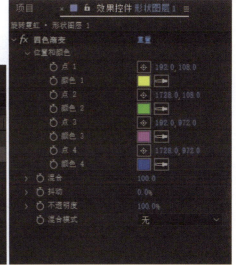

图 11 – 10

步骤 08：将"形状图层 1"中的"变换"展开，将"锚点"和"缩放"调整为如图 11 – 11 所示数值。

步骤 09：将"变换"中的"Z 轴旋转"时间变化秒表打开，在第 0 秒时设置为"0x + 0°"，在第 10 秒时设置为"0x + 180°"，如图 11 – 12 所示。

步骤 10：复制"形状图层 1"为"形状图层 2"，将位置调整为"960, 650, 500"，如图 11 – 13 所示。

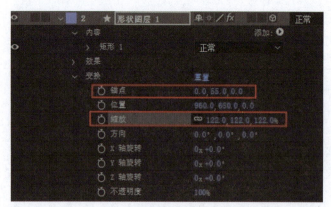

图 11 –11

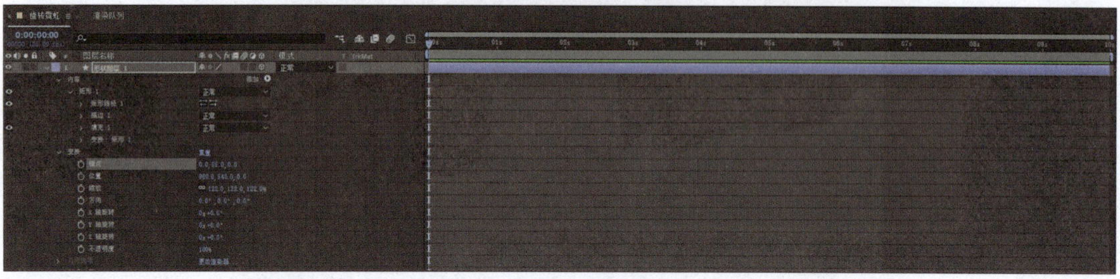

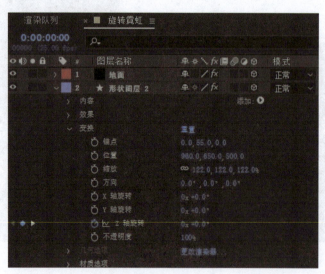

图 11 –12

图 11 –13

步骤11：复制"形状图层2"为"形状图层3"，将位置调整为"960,650,1 000"。如法炮制，将"形状图层3"复制为"形状图层4"，位置调整为"960,650,1 500"，并创建纯色图层，命名为"背景"，颜色为"黑色"，如图 11 –14 所示。效果如图 11 –15 所示。

步骤12：依次调整"形状图层2""形状图层3""形状图层4"的关键帧，改变其播放速度，在"时间"面板中创建摄像机，选择摄像机，展开摄像机的"变换"属性，激活

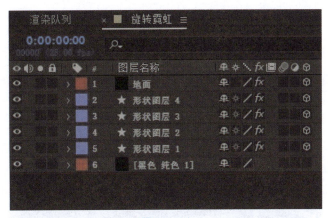

图 11－14

图 11－15

"位置"前面的关键帧记录器，在第 0 秒处将其调整为"960.0,540.0,－2 666.7"，在第 4 秒处将其调整为"960.0,540.0,－1 873.0"，如图 11－16 和图 11－17 所示。

图 11－16

步骤 13：最终效果如图 11－18 所示。

11. 1. 2　"梯度渐变"滤镜

"梯度渐变"滤镜是一款使用频率极高的内置滤镜，一般用来创建色彩过渡的效果。执

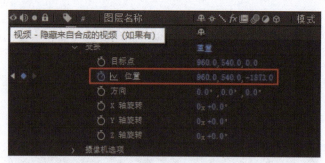

图 11 -17

图 11 -18

行"效果"→"生成"→"梯度渐变"菜单命令，然后在"效果控件"面板中展开"梯度渐变"滤镜的参数，如图 11 -19 所示。

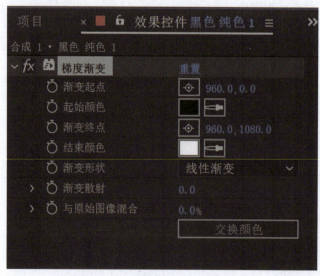

图 11 -19

参数详解：

- 渐变起点：用来设置渐变的起点位置。
- 起始颜色：用来设置渐变开始位置的颜色。
- 渐变终点：用来设置渐变的终点位置。
- 结束颜色：用来设置渐变终点位置的颜色。
- 渐变形状：用来设置渐变的类型，有线性渐变和径向渐变两种类型，如图 11 – 20 所示。

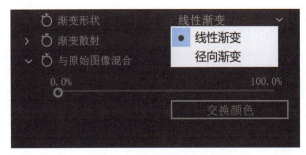

图 11 –20

线性渐变：沿着一根轴线（水平或垂直）改变颜色。

径向渐变：颜色从内到外进行圆形渐变。

- 渐变散射：设置渐变颜色的颗粒效果或扩展效果。
- 与原始图像混合：设置与源图像融合的百分比。
- 交换颜色：使"渐变起点"和"渐变终点"的颜色互相交换。

11.1.3　"四色渐变"滤镜

"梯度渐变"滤镜在颜色控制方面的作用有限，"四色渐变"滤镜在颜色控制效果上更胜一筹。"四色渐变"滤镜通常用来模拟霓虹灯等多彩玄幻的色彩效果。

选择需添加效果的图层，执行"效果"→"生成"→"四色渐变"菜单命令，在"效果控件"面板中展开"四色渐变"滤镜的参数，如图 11 –21 所示。

参数详解：

- 位置和颜色：用于设置 4 种颜色和这 4 种颜色的位置。

点 1：设置颜色 1 的位置。

颜色 1：设置点 1 处的颜色。

点 2：设置颜色 2 的位置。

颜色 2：设置点 2 处的颜色。

点 3：设置颜色 3 的位置。

图 11 –21

颜色3：设置点3处的颜色。

点4：设置颜色4的位置。

颜色4：设置点4处的颜色。

- 混合：设置4种颜色之间的融合程度。
- 抖动：设置颜色的颗粒效果或扩展效果。
- 不透明度：设置四色渐变的不透明度。
- 混合模式：设置四色渐变与源图层的图层混合模式。

11.2 "风格化"滤镜组

AE"风格化"滤镜组中，滤镜样式较多，"风格化"滤镜组中的滤镜主要通过移动和置换图像的像素并增加图像像素的对比度，生成绘画、抽象或者印象派的图像效果，本节主要讲解"风格化"滤镜组下的"发光"滤镜。

本节知识导引见表11-1。

表11-1

"风格化"滤镜组	分类	作用	重要性
	"发光"滤镜	使图像中的文字、Logo 和带有 Alpha 通道的图像产生发光的效果	★★★★★

11.2.1 课堂案例——文字辉光效果

素材位置：实例文件\CH11\课堂案例——文字辉光效果\（素材）

实例位置：实例文件\CH11\课堂案例——文字辉光效果.aep

案例描述："发光"滤镜经常用来制作图像中的文字、Logo 和带有 Alpha 通道的图像，使其产生发光的效果，本案例中为文字添加"发光"滤镜，使平平无奇的文字变得流光溢彩。本案例制作效果如图11-22所示。

难易指数：★★

图11-22

任务实施：

步骤01：打开学习资源中的"实例文件\CH11\课堂案例——文字辉光效果.aep"文件，然后加载"文字辉光效果"合成，如图11-23所示。

步骤02：选择"发光文字"图层，然后执行"效果"→"风格化"→"发光"菜单命令，接着在"效果控件"面板中设置"发光阈值"为89.0%、"发光半径"为23.0、"发光强度"为1.0，如图11-24所示。

图 11 −23

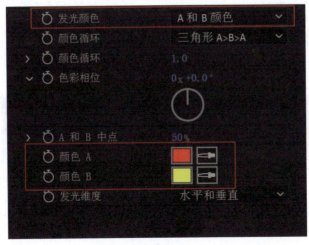

图 11 −24

步骤 03：在"效果控件"面板中，设置"发光颜色"为 A 和 B 颜色，并将颜色 A 设置为红色，颜色 B 设置为黄色，如图 11 −25 所示。

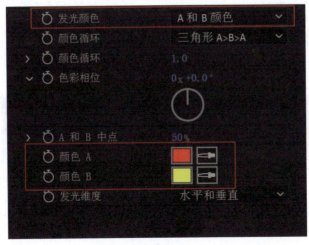

图 11 −25

步骤04：输出并渲染，最终效果如图 11 –26 所示。

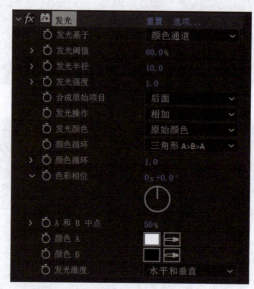

图 11 –26

11.2.2 "发光"滤镜

"发光"滤镜经常用于制作图像中的文字、Logo 和带有 Alpha 通道的图像，使其产生发光的效果。选择要添加效果的图层，然后执行"效果"→"风格化"→"发光"菜单命令，接着在"效果控件"面板中展开"发光"滤镜的参数，如图 11 –27 所示。

图 11 –27

参数详解：

• 发光基于：设置光晕基于的通道，有两种类型，如图 11 –28 所示。

Alpha 通道：基于 Alpha 通道的信息产生光晕。

颜色通道：基于颜色通道的信息产生光晕。

• 发光阈值：光晕的容差值。

• 发光半径：光晕的半径大小。

• 发光强度：光晕发光的强度值。

• 合成原始项目：源图层与光晕合成的位置顺序，有 3 种类型，如图 11 –29 所示。

图 11 –28 图 11 –29

顶端：源图层颜色信息在光晕的上面。

后面：源图层颜色信息在光晕的后面。

无：将光晕从源图层中分离出来。

- 发光操作：设置发光的模式，类似于层模式的选择。
- 发光颜色：设置光晕颜色的控制方式，有3种类型，如图11-30所示。

图11-30

原始颜色：光晕的颜色信息来自图像自身的颜色。

A和B颜色：光晕的颜色信息来自自定义的A和B的颜色。

任意映射：光晕的颜色信息来自任意图像。

- 颜色循环："发光颜色"为"A和B颜色"时，控制A和B两种颜色间过渡曲线的形状。
- 颜色循环：设置光晕颜色循环的次数。
- 色彩相位：设置光晕的色彩相位。
- A和B中点：设置颜色A和B的中点百分比。
- 颜色A：设置颜色A的颜色。
- 颜色B：设置颜色B的颜色。
- 发光维度：设置光晕作用的方向。

11.3 "模糊和锐化"滤镜组

模糊是滤镜最常用的效果之一，通过模拟画面的视觉中心、营造虚实结合的效果，在镜头视觉效果上产生主次对比、强弱区分，也便于对纵深空间的营造。对于相对粗糙的画面，经过模糊处理后，也可以提升画面的质量。本节主要介绍"模糊和锐化"滤镜组中的"快速方框模糊""摄像机镜头模糊""径向模糊"滤镜。

本节知识导引见表11-2。

表11-2

名称	作用	重要程度
"快速方框模糊"滤镜	模糊和柔和图像，去除画面中的杂点	★★
"摄像机镜头模糊"滤镜	模拟画面的景深效果	★
"径向模糊"滤镜	围绕自定义的一个点产生模糊效果，常用于模拟镜头的推拉和旋转效果	★★★

11.3.1 课堂案例——模拟镜头对焦

素材位置：实例文件\CH11\课堂案例——模拟镜头对焦\（素材）

实例位置：实例文件\CH11\课堂案例——模拟镜头对焦 .aep

案例描述：本案例需要将素材中的图形进行处理，完成模拟对焦处理后的效果，如图11-31所示。

难易指数：★★★★

步骤 01：打开学习资源中的"实例文件\CH11\课堂案例\模拟镜头对焦.aep"文件，然后加载"镜头"合成，如图 11-32 所示。

图 11-31

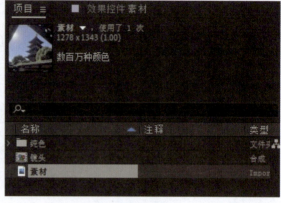

图 11-32

步骤 02：新建一个纯黑色图层，将其命名为"模糊图"并置于底层，然后在第 0 帧处绘制图 11-33 所示的遮罩，并激活"蒙版路径"的关键帧记录器，在第 20 帧处将蒙版路径修改为图 11-34 所示的效果。

图 11-33

步骤03：选择纯黑色图层，然后执行"效果"→"模糊和锐化"→"摄像机镜头模糊"菜单命令，接着在"效果控件"面板中设置"模糊半径"为10.0；展开效果控件"摄像机镜头模糊"，在"模糊图"选项中，设置图层为"2.黑色 纯色1"和"蒙版"，声道为"Alpha"，勾选"反转模糊图"选项，最后勾选"重复边缘像素"选项，如图11-34所示。

步骤04：选择"黑色 纯色1"图层，展开蒙版选项，选中蒙版路径，开启关键帧记录器，在第0帧处设置关键帧，在第20帧处将蒙版形状进行调整，并记录关键帧，如图11-35所示。

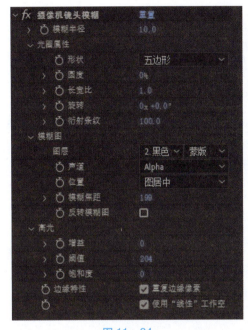

图11-34

图11-35

11.3.2 "快速方框模糊"滤镜

"快速方框模糊"滤镜可以用来模糊和柔化图像，画面中如有杂点，使用该滤镜可以完成清除，其参数效果如图11-36所示。

图11-36

参数详解：

- 模糊半径：设置画面的模糊程度。
- 迭代：设置将模糊效果连续应用到图像中的次数。

● 模糊方向：设置图像模糊的方向，有水平和垂直、水平、垂直 3 个选项，其中，"水平和垂直"可以让图像在水平和垂直方向上都产生模糊，"水平"让图像在水平方向上产生模糊，"垂直"让图像在垂直方向上产生模糊，如图 11－37 所示。

重复边缘像素：设置图像边缘的模糊效果。

图 11－37

11.3.3 "摄像机镜头模糊"滤镜

"摄像机镜头模糊"滤镜用来模拟画面的景深效果，其模糊的效果取决于"光圈属性"和"模糊图"的设置。执行"效果"→"模糊和锐化"→"摄像机镜头模糊"菜单命令，在"效果控件"面板中展开滤镜的参数，如图 11－38 所示。

参数详解：

模糊半径：设置镜头模糊的半径大小。

光圈属性：设置摄像机镜头的属性，包括"形状""圆度""长宽比""旋转"和"衍射条纹"。

形状：用来控制摄像机镜头的形状，有"三角形""正方形""五边形""六边形""七边形""八边形""九边形""十边形"8 种类型，如图 11－39 所示。

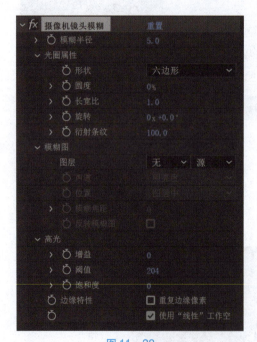

图 11－38

图 11－39

圆度：设置镜头的圆滑度。如果圆度为 100，那么就是圆形。

长宽比：设置镜头的画面比率。

模糊图：读取模糊图像的相关信息。

图层：设置镜头模糊的参考图层。

声道：指定模糊图像的图层通道。

位置：指定模糊图像的位置。

模糊焦距：指定模糊图像焦点的距离。

反转模糊图：用来反转图像的焦点。

高光：设置镜头的高光属性。

增益：设置图像的增益值。

阈值：设定图像多亮的部分会被当作高光来处理。

饱和度：设置图像的饱和度。

11.3.4 "径向模糊"滤镜

"径向模糊"滤镜围绕自定义的一个点产生模糊效果，常用来模拟镜头的推拉和旋转效果，在图层高质量开关打开的情况下，用户可以指定抗锯齿的程度，在草图质量下没有抗锯齿作用。

执行"效果"→"模糊和锐化"→"径向模糊"菜单命令，在"效果控件"面板中展开滤镜的参数，如图 11 – 40 所示。

参数详解：

数量：设置径向模糊的强度。

中心：设置径向模糊的中心位置。

类型：设置径向模糊的样式，有旋转

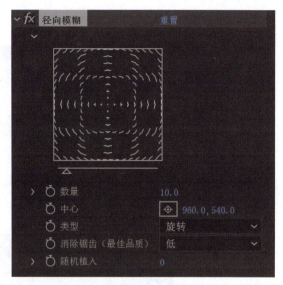

图 11 – 40

和缩放两种样式，旋转用来模拟镜头旋转的效果，缩放用来模拟镜头推拉的效果，如图 11 – 41 所示。

消除锯齿（最佳品质）：设置图像的质量，有低、高两种质量可供选择，如图 11 – 42 所示。

图 11 – 41

图 11 – 42

11.4　"透视"滤镜组

本节主要讲解"透视"滤镜组中的"投影"和"径向投影"滤镜。

本节知识导引见表 11 – 3。

表 11 – 3

名称		作用	重要性
"透视"滤镜组	"投影"/"径向投影"滤镜	"投影"滤镜是由图像的 Alpha（通道）所产生的图像阴影的形状决定的；"径向投影"滤镜则通过自定义光源点所在的位置并照射图像而产生阴影效果	★★★

11.4.1 课堂案例——树叶真实效果的制作

素材位置：实例文件\CH11\课堂案例——树叶真实效果的制作\（素材）

实例位置：实例文件\CH11\课堂案例——树叶真实效果的制作.aep

任务描述：本案例通过对素材"树叶"的动态效果制作，掌握"径向投影"滤镜的用法。本案例的画面效果如图 11－43 所示。

难易指数：★★★

图 11－43

步骤01：打开学习资源中的"实例文件\CH11\课堂案例——树叶真实效果的制作.aep"文件，然后加载"画面阴影"合成，如图 11－44 所示。

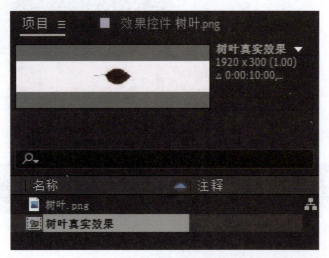

图 11－44

步骤02：选择"树叶.png"图层，然后执行"效果"→"透视"→"投影"菜单命令，设置"距离"为10.0，"柔和度"为10.0，如图 11－45 所示。

步骤03：新建纯色图层，使用钢笔工具在图层上绘制一条路径，如图 11－46 所示。展开"树叶.png"图层，将"蒙版1"中蒙版路径选中，复制粘贴到"树叶.png"图层"变换"属性中的"位置"上，如图 11－47 所示。

图 11－45

图 11 -46

图 11 -47

11.4.2 "斜面 Alpha"滤镜

"斜面 Alpha"滤镜通过二维的 Alpha（通道）使图像产生分界，形成伪三维的效果，执行"效果"→"透视"→"斜面 Alpha"菜单命令，然后在"效果控件"面板中展开滤镜的参数，如图 11 -48 所示。

参数详解：

● 边缘厚度：设置图像边缘的厚度效果。

图 11 -48

● 灯光角度：设置灯光照射的角度。

● 灯光颜色：设置灯光照射的颜色。

● 灯光强度：设置灯光照射的强度。

技巧小贴士：

在日常合成工作中，"斜面 Alpha"滤镜的使用频率非常高，相关参数调节也是可实时预览的。适当、有效地使用该滤镜，能让画面中的视觉主体元素更加突出。

11.4.3 "投影"和"径向投影"滤镜

"投影"滤镜与"径向投影"滤镜都可以使图像产生阴影投射的效果，但二者的区别在于，"投影"滤镜所产生的图像阴影的形状是由图像的 Alpha（通道）决定的，而"径向投影"滤镜则通过自定义光源点照射图像而产生阴影效果。分别执行"效果"→"透视"→"投影"和"效果"→"透视"→"径向投影"菜单命令，然后在"效果控件"面板中分别调整两种滤镜的参数，如图 11 –49 所示。

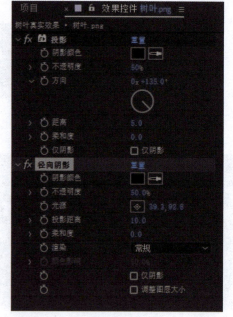

图 11 –49

参数详解：

两者共有的参数如下。

阴影颜色：设置图像投影的颜色效果。

不透明度：设置图像投影的透明度效果。

柔和度：设置图像投影的柔化效果。

仅阴影：设置单独显示图像的投影效果。

两者不同的参数如下。

方向：设置图像的投影方向。

光源：设置自定义灯光的位置。

距离：设置图像投影到图像的距离。

渲染：设置图像阴影的渲染方式。

颜色影响：可以调节有色投影的影响范围。

调整图层大小：用于确定在添加阴影效果时是否考虑当前层的尺寸。

11.5　"过渡"滤镜组

本节将对"过渡"滤镜组中的常用滤镜效果进行讲解，其中包括"卡片擦除""线性擦除""百叶窗"滤镜，这些滤镜可以很轻松地完成图层间转场效果的制作。

本节知识导引见表 11 –4。

表 11 –4

	名称	作用	重要程度
过渡 滤镜组	"卡片擦除"滤镜	模拟卡片的翻转并通过擦除切换到另一个画面	★★★★★
	"线性擦除"滤镜	以线性的方式从某个方向形成擦除效果	★★★★★
	"百叶窗"滤镜	通过分割的方式对图像进行擦除，如同生活中的百叶窗闭合一样	★★★★★

11.5.1　课堂案例——烟雾字特效

素材位置：实例文件\CH11\课堂案例——烟雾字特效\（素材）

实例位置：实例文件\CH11\课堂案例——烟雾字特效 . aep

任务描述：本案例综合应用了"发光""线性擦除"等多个滤镜，帮助读者巩固本章所学技术，其动画效果如图 11 –50 所示。

难易指数：★★★★★

图 11 - 50

任务实施：

步骤 01：打开学习资源中的"实例文件\CH11\课堂案例——烟雾字特效 . aep"文件，然后加载"烟雾文字"合成，如图 11 - 51 所示。

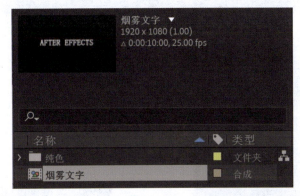

图 11 - 51

步骤 02：新建纯黑色图层"噪波"，执行菜单效果"杂色和颗粒"→"分形杂色"，设置分形类型为湍流基本，变换 - 缩放设置为 20，如图 11 - 52 所示。

步骤 03：新建纯白色图层，修改名称为"动画"，执行菜单效果"过渡"→"线性擦除"，设置羽化 300，将"过渡完成"的关键帧记录器打开，将第 0 秒第 0 帧处的"过渡完成"数值设置为 0%，将第 3 秒第 0 帧处的"过渡完成"数值设置为 100%，如图 11 - 53 所示。

步骤 04：选中"动画"图层，将图层模式调整为"强光"，执行菜单效果"颜色校正"→"色光"，修改输入相位为获取相位，自"Alpha"，输出循环，使用预设调板"渐变灰色"，勾选"修改"的参数中的"更改空像素"，如图 11 - 54 所示。

步骤 05：执行菜单"效果"→"颜色校正"→"曲线"，调整曲线增强对比度，如图 11 - 55 所示。

图 11 - 52

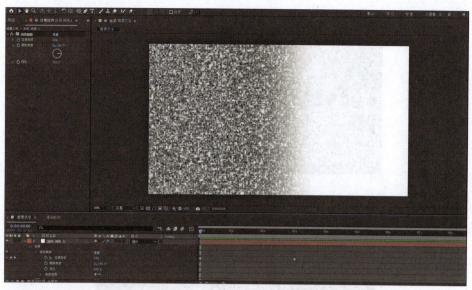

图 11-53

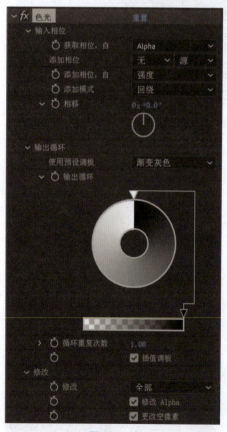

图 11-54

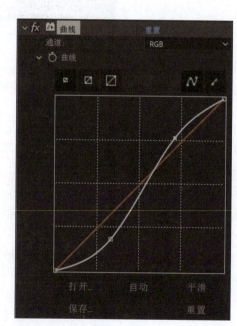

图 11-55

步骤06：选中"噪波"和"动画"两个纯色图层，执行菜单"图层"→"预合成"（或者右击，选择预合成）为"噪波"，同时选择"将所有属性移动到新合成"，执行菜单"效果"→"模糊和锐化"→"快速方框模糊",设置"模糊半径"为 3,"迭代"为 10,如图 11 – 56 所示。

　　步骤 07:执行菜单"效果"→"扭曲"→"湍流置换",拖动湍流置换到"快速方框模糊"的上方,设置数量为 180,大小为 16,给演化添加表达式 time * 250(让演化随时间变化),设置文本图层的遮罩模式为"亮度遮罩噪波",如图 11 – 57 所示。

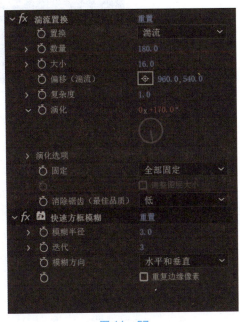

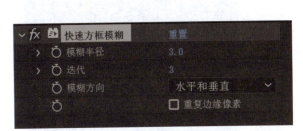

图 11 – 56　　　　　　　　　　图 11 – 57

　　步骤 08:新建调整图层"消散",执行菜单"效果"→"扭曲"→"置换图";设置置换图层为"2. 噪波",最大水平置换为 – 100,最大垂直置换为 – 180,如图 11 – 58 所示。

　　步骤 09:新建调整图层"模糊",执行菜单"效果"→"模糊和锐化"→"复合模糊",设置模糊图层为"3. 噪波",最大模糊为 40,勾选"反转模糊",如图 11 – 59 所示。

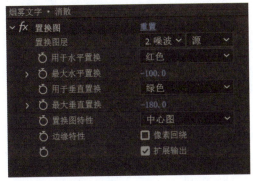

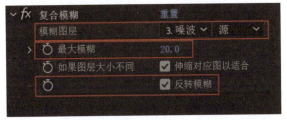

图 11 – 58　　　　　　　　　　图 11 – 59

　　步骤 10:设置渲染并输出成品动画,最终效果如图 11 – 60 所示。

图 11 –60

11.5.2 "卡片擦除"滤镜

"卡片擦除"滤镜常用于过渡切换特效的制作，可以模拟酷炫的卡片擦除效果，达到画面切换转场的目的。执行"效果"→"过渡"→"卡片擦除"菜单命令，然后在"效果控件"面板中展开滤镜的参数，如图 11 –61 所示。

图 11 –61

参数详解：

过渡完成：控制转场完成的百分比。当值为 0 时，完全显示当前层画面；当值为 100% 时，完全显示切换层画面。

过渡宽度：从原始图像更改到新图像的区域的宽度。

背面图层：在卡片背面分段显示的图层。若背面图层大小不一致，则会自动拉伸匹配卡片翻转。

行数和列数：指定行数和列数的相互关系。

"独立"可同时激活"行数"和"列数"滑块。

"列数受行数控制"只激活"行数"滑块。行数设置多少，列数就多少。

行数：行的数量，最多 1 000 行。

列数：列的数量，最多 1 000 列。

卡片缩放：卡片的大小。

小于 1 的值会按比例缩小卡片，从而显示间隙中的底层图层；大于 1 的值会按比例放大卡片，从而在卡片相互重叠时创建块状的马赛克效果。

翻转轴：每个卡片绕其翻转的轴，包括 X 轴、Y 轴、随机。

翻转方向：卡片绕其轴翻转的方向，包括正向、反向、随机。

翻转顺序：过渡发生的方向。可以使用渐变来自定义翻转顺序。

随机时间：将每次翻转的时间随机化。如果此控件设置为 0，则卡片将按顺序翻转。值越高，卡片翻转顺序的随机性就越大。

随机植入：在设置了随机时间后，若随机的画面不喜欢，可调整随机植入，改变当前随机画面。

摄像机系统：使用效果的"摄像机位置"属性、"边角定位"属性，还是默认的合成摄像机和光照位置来渲染卡片的 3D 图像。

摄像机位置：

X 轴旋转、Y 轴旋转、Z 轴旋转：可以分别调节摄像机的 X、Y、Z 的旋转轴向。

X、Y 位置：摄像机在 X、Y 空间中的位置。

Z 位置：摄像机在 Z 轴上的位置。较小的数值使摄像机更接近卡片，较大的数值使摄像机远离卡片。

焦距：从摄像机到图像的距离。焦距越小，视角越大。确定是先旋转 X、Y、Z 轴再移动位置，还是先移动位置再旋转 X、Y、Z 轴。

变换顺序：确定摄像机对着的画面是先旋转 X、Y、Z 轴再移动位置，还是先移动位置再旋转 X、Y、Z 轴。

边角定位：边角定位是备用的摄像机控制系统。此控件可用作辅助控件，以便将效果合成到相对倾斜的平面上的场景中。

自动焦距：自动控制动画期间效果的透视。

焦距：控制动画期间效果的透视，如果已获得的结果不是所需结果，则覆盖其他设置。

合成摄像机：使用自己创建的摄像机为视角查看卡片擦除效果。

灯光：灯光系统。

灯光类型：点光源（类似于灯泡）、远光源（类似于太阳或远处光源）、首选合成灯光（自己创建灯光）。

灯光强度：光源强度。

灯光颜色：光源颜色。

灯光位置：光源位置。

灯光深度：光源高度。

环境光：环境光源。

材质：材质的选项。

漫反射：表面被光源无规则地向各个方向反射的强度，可看作图层表面沾染光源颜色的程度。

镜面反射：光源射到图层上，平行反射光源，控制反射的强度。

高光锐度：控制反射高光的落差。

抖动：添加抖动（位置抖动和旋转抖动）可使过渡更加逼真。抖动可在过渡发生之前、发生过程中和发生之后对卡片生效。

位置抖动：指定 X、Y 和 Z 轴的抖动量和速度。"X 抖动量""Y 抖动量"和"Z 抖动量"指定额外运动的量。"X 抖动速度""Y 抖动速度"和"Z 抖动速度"指定每个"抖动量"选项的抖动速度。

旋转抖动：指定围绕 X、Y 和 Z 轴的旋转抖动的量和速度。

11.5.3 "线性擦除"滤镜

"线性擦除"滤镜以线性的方式从指定的方向形成擦除效果，以达到转场的目的。执行"效果"→"过渡"→"线性擦除"菜单命令，然后在"效果控件"面板中展开该滤镜的参数。

参数详解：

● 过渡完成：控制转场完成的百分比。

擦除角度：设置转场擦除的角度。

● 羽化：控制擦除边缘的羽化效果。

11.5.4 "百叶窗"滤镜

"百叶窗"滤镜通过分割的方式对图像进行擦除，形式类似于百叶窗开关闭合，以此达到转场的目的。执行"效果"→"过渡"→"百叶窗"菜单命令，然后在"效果控件"面板中展开该滤镜的参数，如图 11 - 62 所示。

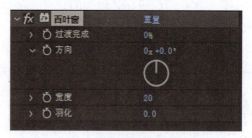

图 11 - 62

参数详解：

● 过渡完成：控制转场完成的百分比。

● 方向：控制擦拭的方向。

● 宽度：设置分割的宽度。

● 羽化：控制分割边缘的羽化效果。

11.6 课后习题——数字粒子流

素材位置： 无

实例位置： 实例文件\CH11\课后习题——黑客帝国 . aep

练习目标： 能够掌握"粒子动力场"的应用方法，本习题制作的数字粒子流效果如图 11 - 63 所示。

难易指数： ★★★★★

过程提示：

步骤01：打开学习资源中的"实例文件\CH11\课后习题——黑客帝国 . aep"文件，然后加载"黑客帝国"合成。接着新建一个长、宽均为 100 px，持续时间为 6

图 11 - 63

帧的合成，并将其命名为"粒子"，这个合成将作为粒子发射源。在这 6 帧里，要使每帧都显示一个随意的符号。

步骤02：将"粒子"合成拖曳到"数字粒子流"图层所在的"时间轴"面板，将其置于底部，关闭显示开关。然后选择"粒子发射"图层，为其添加"Trapcode - Particular（粒子）"效果。接着在 Particle（粒子）属性组下设置 Particle Type（粒子类型）为 Textured Poygon Colorize（纯色纹理多边形），在 Texture 属性组下设置 Layer（图层）为"4. 粒子

（即上一步中的'粒子'合成）"，Time Sampling（时间采样）为 Random – Still Frame（随机 – 静帧），继续调整 Particular 的其他参数，使符号可以从上面缓缓落下。

步骤 03：在 Aux System（辅助系统）属性组中，设置 Emitter（发射）为 Continuously（持续地），Type（类型）为 Textured Polygon Colorize，在 Texture 属性组下设置 Layer 为 "4. 粒子"，Time Sampling（时间采样）为 Split Clip – Loop（分裂循环），继续调整其他参数，使每个符号路径上有很多"拖尾"的效果。

本章总结

在影视后期制作时加滤镜，可能是因为拍摄现场的环境不足以支撑高品质的画面效果，例如光线不足、画面有噪点等客观因素，也可能是对影视作品有更高级的视觉追求。一组画面映入眼帘时，观看者往往有两种感受：一种是纯感官的效果，另一种是心理体验。影视作品中滤镜的运用会营造出另一种氛围，实现图像的各种特殊效果，让画面更好地参与叙事。

After Effects 软件的常用内置滤镜具备极其强大的功能，滤镜在图像后期处理软件时是不可或缺又极具生命力的存在。

第 12 章 综合案例实训